Vache
à *lait*

ÉLISE DESAULNIERS

Vache à lait

DIX MYTHES DE L'INDUSTRIE LAITIÈRE

Stanké
Une société de Québecor Média

Catalogage avant publication de Bibliothèque et Archives nationales du Québec
et Bibliothèque et Archives Canada

Desaulniers, Élise
    Vache à lait : dix mythes de l'industrie laitière
    Comprend des réf. bibliogr.
    ISBN 978-2-7604-1104-3
    1. Industrie laitière - Québec (Province). 2. Produits laitiers dans l'alimentation
humaine. 3. Production laitière - Québec (Province). I. Titre.

HD9275.C33Q8 2013   338.1'76214209714   C2012-942704-7

Édition : Miléna Stojanac
Révision linguistique : Gervaise Delmas
Correction d'épreuves : Isabelle Lalonde
Grille graphique intérieure : Axel Pérez de León
Couverture et mise en pages : Clémence Beaudoin
Photo de l'auteure : Sarah Scott

Remerciements
Nous reconnaissons l'aide financière du gouvernement du Canada par l'entremise du
Fonds du livre du Canada pour nos activités d'édition. Nous remercions le Conseil des
Arts du Canada et la Société de développement des entreprises culturelles du Québec
(SODEC) du soutien accordé à notre programme de publication.
Gouvernement du Québec – Programme de crédit d'impôt pour l'édition de livres
– gestion SODEC.

Les Éditions internationales Alain Stanké
Groupe Librex inc.
Une société de Québecor Média
La Tourelle
1055, boul. René-Lévesque Est, bureau 300
Montréal (Québec) H2L 4S5
Tél. : 514 849-5259
Téléc. : 514 849-1388
www.edstanke.com

Dépôt légal – Bibliothèque et Archives nationales du Québec et Bibliothèque et
Archives Canada, 2013

ISBN : 978-2-7604-1104-3

Distribution au Canada
Messageries ADP
2315, rue de la Province
Longueuil (Québec) J4G 1G4
Tél. : 450 640-1234
Sans frais : 1 800 771-3022
www.messageries-adp.com

Diffusion hors Canada
Interforum
Immeuble Paryseine
3, allée de la Seine
F-94854 Ivry-sur-Seine Cedex
Tél. : 33 (0) 1 49 59 10 10
www.interforum.fr

À la Jersey n° 67

« Il y a probablement plus de souffrance dans un verre de lait ou un cornet de crème glacée que dans un steak. »
GARY L. FRANCIONE, philosophe et juriste, 2008

« Notre stratégie a été divisée en deux : la tactique rationnelle et la tactique émotionnelle. La première présentait le lait comme une source importante de calcium et une arme de première force dans la lutte contre l'ostéoporose, alors que la seconde mettait en valeur les joyeuses retrouvailles des consommateurs avec le lait. »
NICOLE DUBÉ, directrice du marketing,
Fédération des producteurs de lait, 2002

« Le lait de vache est controversé parmi les médecins et les nutritionnistes. Il fut une époque où il était considéré comme très souhaitable de boire du lait, mais la recherche nous a forcés à repenser cette recommandation… Les produits laitiers contribuent à un nombre étonnant de problèmes de santé. »
DR BENJAMIN SPOCK, pédiatre et auteur, 1998

« Élise ! Finis ton verre de lait avant de sortir de table. »
ÉDITH DESAULNIERS, maman, 1979

SOMMAIRE

PRÉFACE

Élise Desaulniers et la conversation démocratique

Quels lecteurs, quelles lectrices en apprendront le plus à la lecture de ce beau livre ? Entre ceux et celles qui ignorent presque tout du sujet dont il traite et ceux et celles qui le connaissent bien, j'avoue avoir du mal à en décider.

Certes, les premiers apprendront bien des choses, souvent étonnantes, mais hélas aussi parfois bien attristantes, sur l'industrie laitière, sur les animaux qui en sont les premières victimes, sur ce qu'on nous cache aussi, sans oublier ces entreprises de séduction et de manipulation dont nous faisons l'objet. Élise Desaulniers est une excellente pédagogue, et ses explications sont aussi claires que ses argumentaires sont appuyés de solides références. Nous permettre de comprendre tant de choses est le premier mérite de ce livre. Il est immense.

Mais ceux et celles qui savent tout cela, ou peu s'en faut, apprendront aussi des choses d'une très grande importance dans ce livre, des choses qui concernent cette fois la manière d'aborder des sujets controversés, des sujets que d'aucuns trouvent dérangeants et polémiques, et de les insérer dans la conversation démocratique. Ce qu'on apprend de l'auteure sur ce plan est aussi à mes yeux d'une très grande richesse et pourra avec profit être médité par bien des gens, parmi lesquels je me compte, surtout en ce moment si particulier sur le plan politique que nous traversons.

Le désolant phénomène est bien connu et je n'insisterai pas sur lui ici. Rappelons simplement que l'on a de bonnes raisons de penser qu'entre visées propagandistes des institutions dominantes et omniprésence active des firmes de relations publiques, notre conversation démocratique est aujourd'hui confrontée à de réelles et dramatiques difficultés. Mais ces difficultés, non négligeables, sont décuplées quand il s'agit d'y insérer des sujets qui sont pour beaucoup polémiques et dérangeants et de soulever des questions à leur propos, tout particulièrement si de surcroît ce sont les institutions dominantes que ces questions dérangent : le réchauffement climatique, la moralité de nos institutions économiques en sont des exemples.

Qui tente d'aborder publiquement de tels sujets et de soulever de telles questions risque fort de se heurter à des fins de non-recevoir. Pour les vaincre, il faut déployer beaucoup de finesse, de délicatesse et d'intelligence.

Élise Desaulniers est à mes yeux sur ces plans un modèle dont on peut s'inspirer. Elle réussit à informer sans confronter, à enseigner sans endoctriner. Elle nous convie à une réflexion sur des thèmes qui pourront avoir de lourdes répercussions sur nos vies : mais elle le fait sans se poser en donneuse de leçons, avec modestie et d'une manière invitante où percent une humanité et une sensibilité qui forcent l'admiration.

Vous découvrirez par exemple dans ces pages avec quelle élégance elle sait se mettre en scène en avouant qu'il lui est arrivé à elle aussi de succomber aux illusions dont elle espère nous désenvoûter, et vous apprécierez sa manière d'évoquer ses hésitations et ses doutes : tout cela fait qu'on est réellement disposé à l'écouter.

C'est la deuxième fois que je lis Élise Desaulniers, et ces qualités m'avaient profondément frappé à la lecture de son premier essai. Je les retrouve ici intactes et m'en réjouis.

Mais je me réjouis aussi du travail de cette auteure parce que je soupçonne que sur la question de l'éthique animale nous sommes sans doute parvenus, ou sur le point de parvenir, à ce que j'aime appeler un point de bascule moral.

On le sait, nos normes éthiques évoluent, et nous finissons par inclure dans la sphère éthique des sujets, des questionnements, des problématiques et même des êtres qui hier encore en étaient exclus. C'est ainsi que des pratiques jadis courantes en classe, comme le fait de frapper les enfants, sont aujourd'hui devenues inacceptables, et ce pour des raisons éthiques. On citerait aisément un grand nombre d'exemples où quelque chose de ce genre s'est produit.

Il vient ainsi un moment où le caractère indéfendable de certaines pratiques, que seuls quelques réformateurs reconnaissaient, est une évidence pour de plus en plus de gens. Puis vient le moment, et c'est le fameux point de bascule, où c'est la majorité de la société qui convient de ce que seuls quelques audacieux précurseurs soutenaient. Sur l'éthique animale, il me semble que nous y arrivons.

Je soupçonne donc très fort que dans quelques décennies nos descendants se demanderont comment nous avons pu être ce que nous sommes aujourd'hui dans notre manière de traiter les animaux.

Si c'est bien le cas, s'informer sur la question et décider ce qui s'ensuit de la réponse qu'il convient de lui donner relève d'un devoir moral que chacun de nous doit accomplir avec le plus grand sérieux.

On trouvera difficilement meilleure guide, meilleure compagne de route, pour ce faire, qu'Élise Desaulniers.

Normand Baillargeon
Professeur
UQAM

AVANT-PROPOS

Naturel, nécessaire et normal

Le meilleur aliment qui soit. C'est ce qu'on me dit depuis l'enfance. J'en ai longtemps pris à chaque repas alors qu'il trônait fièrement sur la table de la cuisine. Et si j'ai souvent laissé de la nourriture dans mon assiette, je finissais toujours mon verre. Même que j'en redemandais. Avec sa couleur immaculée et sa fraîcheur onctueuse, comment ne pas y voir une source de réconfort ? Le lait, puisque c'est de lui qu'il s'agit, n'a même pas besoin d'être nommé pour évoquer l'enfance, l'abondance, la pureté. Après tout, c'est notre premier aliment. N'est-ce pas aussi l'aliment par excellence ? Ça tombe bien, parce que le lait est partout : dans les *grilled cheese* et les yogourts glacés, dans les berlingots des écoles et les recommandations de Santé Canada, au cœur de l'économie québécoise et jusque sur les épinards.

Je me souviens encore de Monsieur Sealtest. Ce n'était pas son vrai nom. Mais c'était celui qu'on pouvait lire sur son camion, en lettres blanches attachées sur fond rouge. Tous les deux jours, ma mère déposait un petit carton contre la fenêtre de la cuisine. Pour moi, c'était une promesse de bonheur. Pour Monsieur Sealtest, c'était la commande : quelques sacs de lait et, à l'occasion, de la crème glacée. Je me souviens de son « Bonjour, bonjour », de son sourire mélancolique, des quelques phrases échangées : la météo qui défiait les prévisions, les vacances qui tardaient à venir. À l'époque, si on m'avait demandé d'où venait le lait, j'aurais répondu sans hésiter : du camion de Monsieur Sealtest (je savais évidemment qu'il venait *aussi* de l'épicerie, mais celui-là était moins bon). J'aimais Monsieur Sealtest. J'aimais le lait.

Aujourd'hui, j'ai parfois le sentiment d'avoir vécu dans *The Truman Show*. Dans ce film, Truman Burbank, le personnage interprété par Jim Carrey, est la vedette d'une émission de téléréalité, mais à son insu. Il vit dans une petite ville modèle où les plates-bandes sont gracieuses et les voisins, toujours sympathiques. En fait, ses voisins sont des comédiens et la ville, un décor. Lorsqu'il découvrira la supercherie, Truman tombera de haut.

Comme dans *The Truman Show*, mon amour a duré longtemps. Et je suis aussi tombée de haut. J'ai réalisé que j'avais tout faux quand j'ai compris que le lait n'est pas essentiel à la santé, que ce sont plutôt certains nutriments qui le sont. La preuve : 75 % des humains sur terre ne boivent pas de lait. Or, si boire du lait n'est pas essentiel, élever des centaines de milliers de vaches dans la souffrance pour en produire ne l'est pas non plus. Fabriquer du fromage qui émet autant de CO_2 que la viande est tout aussi inutile. La seule raison de boire du lait, c'est le bonheur qu'il nous procure. C'est bien cher payer son plaisir.

Pourquoi m'a-t-on caché la vérité ? Comme Truman, j'ai eu moi aussi l'impression qu'on m'avait trompée. J'ai eu le sentiment d'avoir été flouée.

J'en suis maintenant convaincue : notre rapport au lait s'est construit sur des mythes. Contrairement à tout ce qu'on nous a toujours dit, boire du lait n'a rien de naturel, de nécessaire ni de normal. Pire : sa consommation peut engendrer de nombreux problèmes de santé.

Pour approfondir ma compréhension des problèmes dus au lait, j'ai élaboré cet ouvrage autour des dix mythes que la plupart d'entre nous entretiennent sur cet aliment. Ces mythes sont devenus les chapitres de ce livre.

1. Le lait, c'est naturel
2. On en a besoin pour les os
3. Un verre de lait c'est bien, mais deux c'est mieux
4. On peut faire confiance aux spécialistes
5. Ça prend du lait dans les écoles
6. Si les vaches n'étaient pas heureuses, elles ne produiraient pas de lait
7. Maltraiter les animaux est illégal
8. Le fromage, c'est écolo
9. C'est une industrie comme les autres
10. Je ne pourrais pas me passer de fromage

SE SEVRER DE SES FAUSSES CROYANCES

Comme il n'est pas toujours facile de renoncer à un amour de jeunesse, il n'est pas non plus aisé de se sevrer de ses fausses croyances, c'est-à-dire de renoncer à des mythes. On a toujours un peu envie de continuer à y croire.

Pourquoi nos croyances, même lorsqu'on les devine erronées, sont-elles si résistantes ? Dans son livre, *The Believing Brain*[1], le psychologue américain Michael Shermer donne de précieux éléments de réponse : nous sommes plus sensibles aux arguments qui confirment nos croyances qu'à ceux qui les remettent en question, nous sommes doués pour justifier nos incohérences et croire ce qui nous arrange.

Pour Michael Shermer, nous sommes aussi naturellement crédules et ouverts aux fausses croyances. Les mythes, les religions et la magie sont utilisés depuis des millénaires pour expliquer la réalité, alors que la méthode scientifique n'a que quelques centaines d'années. Les anecdotes et les recettes de grand-mère nous viennent spontanément, tandis que mobiliser la science requiert des efforts et des connaissances plus approfondies. Notre cerveau est plus à l'aise avec les intuitions et les émotions qu'avec la recherche rationnelle des preuves.

Il faut aussi dire que les croyances sont rassembleuses. En partager une, c'est former un groupe, créer des liens de solidarité. Qui se ressemble s'assemble : on pense pareil, donc on s'unit. L'exemple des religions est sans doute le plus frappant, mais on peut également l'observer dans toutes les institutions sociales. Il suffit de faire un tour sur les forums de discussion de partisans d'une équipe sportive, de militants écolos ou de mamans qui prônent l'allaitement naturel pour en être convaincu.

Voilà aussi pourquoi j'ai trouvé difficile de me sevrer de mes fausses croyances sur le lait. Car je trahissais un peu mon groupe d'appartenance et mon identité québécoise. Le litre de lait trône fièrement sur les nappes à carreaux des cabanes à sucre. C'est ce qu'on offre au père Noël pour qu'il prenne une pause entre deux cheminées, c'est la récompense pour les enfants qui rentrent de l'école. C'est aussi le plateau de fromages qu'on déguste lors des soupers entre amis. Bref, en renonçant à mes fausses croyances sur le lait, je trahis mon grand-père cultivateur, la cuisine de ma mère et la convivialité de mes amis. Dans le fond, je trahis aussi Monsieur Sealtest.

Qui sont les vaches à lait?

Selon le dictionnaire *Larousse*, une vache à lait désigne une personne qu'on exploite pour en tirer un profit continuel. L'expression porte évidemment d'abord sur les vraies vaches qui produisent du véritable lait. L'exploitation ne fait ici pas l'ombre d'un doute : après environ quatre années de bons et loyaux services dans des conditions proches de celles de l'esclavage, elles seront toutes, sans exception, envoyées à l'abattoir pour finir comme viande à burger.

Mais l'expression a surtout un sens figuré. Il faut alors le dire : nous sommes un peu les vaches à lait de l'industrie laitière. Celle-ci, à force de campagnes de publicité « sources de réconfort » et de lobbying politique bien pensé, a réussi à se doter de consommateurs réguliers et satisfaits. Les enjeux économiques sont majeurs : au Québec, la filière laitière est la première industrie agricole. Et, bien qu'on boive moins de lait qu'il y a quelques années, on remplit de plus en plus nos frigos de fromages et de yogourts.

Depuis la publication de mon premier livre, *Je mange avec ma tête*, j'ai beaucoup parlé du traitement des animaux, de la vie des poissons ou des conséquences environnementales de l'élevage. Le plus souvent, on était d'accord avec moi. Plusieurs lecteurs m'ont écrit pour me dire que je les avais encouragés à manger moins de viande. Mais pour le fromage, pour le yogourt, c'était différent. Les produits laitiers, nous y sommes vraiment attachés.

Cet attachement émotif au lait, c'est la victoire d'une industrie qu'on peut sérieusement contester. Je ne suis ni médecin, ni nutritionniste, ni spécialiste en bien-être animal, mais plutôt une citoyenne curieuse qui n'a pas peur d'aller consulter des études et de passer des heures à lire sur son sofa. Je ne suis pas trop timide non plus : j'aime parler à des personnes plus expertes que moi. J'aime aussi vérifier, confronter et chercher la petite bête et les incohérences. Et je peux le dire : les incohérences dans nos croyances sur le lait sont nombreuses. Après tout ce que j'ai compris sur le lait, je me permets d'opposer une contre-histoire aux mythes racontés par l'industrie.

1

LE LAIT, C'EST NATUREL

Boire du lait, c'est naturel… pour les bébés. Nos ancêtres n'en buvaient pas. Car si tous les enfants naissent avec de la lactase, une enzyme de la flore intestinale qui permet de digérer le lait, celle-ci cesse de fonctionner au sevrage. À l'échelle mondiale, les adultes qui consomment du lait sont minoritaires : ils profitent d'une modification génétique apparue chez certaines populations il y a sept mille ans. Boire du lait de vache, c'est donc l'exception à la règle. Loin d'être « naturel », notre goût pour le lait est avant tout culturel.

J'ai grandi dans un petit village de Lanaudière où tout le monde se connaissait. Le jour de la rentrée scolaire, pas la peine de se raconter nos vacances. On savait tout de la vie de nos voisins de pupitre – et réciproquement. Jusqu'en deuxième année du primaire, les seuls étrangers que nous fréquentions venaient du village d'à côté. Leur école ayant fermé, ils s'étaient ajoutés à nos classes déjà bondées. Ils venaient perturber notre équilibre.

Cette première expérience d'immigration nous prépara aussi à ce qui nous attendait : l'arrivée de deux Vietnamiens, des *boat people* qui, comme nous l'expliqua la maîtresse, avaient fui leur pays et débarquaient sans parler français. Assez vite, ils se sont mêlés aux classes normales. On les regardait avec un mélange d'admiration et de curiosité. Un comportement, en particulier, était bien étrange : ils avaient du mal à finir leur berlingot de lait.

J'ai longtemps cru que le lait de vache était « naturel ». J'entendais par là deux choses : 1) tout le monde en boit et 2) nous sommes faits pour en consommer. Derrière tout ça, il y avait aussi l'idée qu'il doit être indispensable. En fait, j'étais loin de me douter d'une réalité : seule une petite partie de la population mondiale boit du lait. Ce qui est « naturel », c'est que – comme tout mammifère – le bébé humain boive le lait de sa mère. Mais une fois sevrés, les êtres humains – comme tous les mammifères – ne peuvent plus digérer le lait. À l'échelle de la planète, un adulte qui y parvient, c'est relativement exceptionnel. Mes amis vietnamiens n'avaient probablement jamais goûté au lait de vache avant de mettre les pieds dans cette classe en banlieue de Joliette. Peut-être même que chaque gorgée leur tordait le ventre. Si tout le monde ne boit pas de lait, il ne peut donc pas être indispensable.

Pour comprendre cela, il faut retourner à l'école, au cours de biologie 101. Tout part des enzymes. Armées de petites ouvrières ayant chacune une tâche bien précise, les enzymes agissent sur la structure même de notre corps, telle la kératine qui produit les cheveux, ou jouent un rôle de catalyseur pour des réactions biochimiques, c'est-à-dire qu'elles provoquent et accélèrent ces réactions : elles transforment notamment les aliments qu'on ingère pour les rendre assimilables par le corps.

C'est justement une de ces enzymes digestives, la lactase, qui permet de digérer le lait. Elle est active durant les premières années de vie, surtout si le bébé est nourri au sein. Concrètement, la lactase transforme l'un des glucides du lait, le lactose, en galactose et en glucose, deux sucres assimilables par l'organisme. Mais, pour des raisons qu'on ignore encore, lorsque l'enfant grandit, l'activité de l'enzyme diminue. Voilà pour la règle.

Qu'en est-il de l'exception ? Il arrive que le gène qui « produit » la lactase mute. Dans les différentes populations étudiées, les chercheurs ont ainsi identifié trois mutations génétiques. Ce sont elles qui permettent à certaines personnes devenues adultes de digérer le lait. On nomme ce phénomène la « persistance de la lactase ».

Les Pierrafeu ne buvaient pas de lait

Fred et Délima Caillou ne boivent pas de lait. À l'âge de pierre, il n'y a pas d'agriculture et les animaux – à l'exception de Dino – ne sont pas encore apprivoisés. Certes, les Pierrafeu ne sont pas une source très fiable pour la préhistoire, mais ce point ne fait pas de doute : nous n'avons pas toujours bu du lait de vache.

En fait, c'est avec les débuts de l'agriculture et de la domestication animale, il y a un peu plus de dix mille ans, que la consommation de lait est devenue possible. À cette époque, nos ancêtres *homo sapiens* étaient physiquement comme nous depuis quelques milliers de générations. Les fresques de la grotte de Lascaux, vieilles de dix-sept mille ans, étaient déjà, par exemple, de l'histoire très ancienne. Avant qu'on ne domestique les animaux, pas une goutte de lait dans notre alimentation. C'est plutôt facile à comprendre : on ne peut pas traire les animaux sauvages*. L'histoire du lait en tant qu'aliment est donc intimement liée à celle de

---

* Il est toutefois très probable que des chasseurs aient goûté le lait d'animaux morts.

l'apprivoisement des mammifères susceptibles d'être traits : vaches, moutons, chèvres, chameaux, ânes et même chevaux.

Les loups furent les premiers animaux domestiqués par l'homme – ce qui a donné les chiens[2]. En se sédentarisant, nos ancêtres auraient ensuite apprivoisé le porc, la chèvre et le mouton. Quant aux vaches, elles ont pour ancêtres les aurochs, des bovidés à la taille imposante, domestiqués il y a quelque dix mille cinq cents années[3]. Ces aurochs furent d'abord utilisés pour leur force motrice et leur viande. Ce n'est qu'assez lentement qu'on commencera à consommer leur lait. Ainsi, bien que l'on trouve des traces de lait dans des poteries anatoliennes vieilles de neuf mille ans[4], on ne se mettra à les traire systématiquement que deux mille ans plus tard. On aurait d'abord transformé le lait en fromage et en beurre, plus faciles à digérer que le lait frais.

LA LACTASE, UNE ENZYME POUR DIGÉRER LE LAIT

On croit toutefois que la persistance de l'enzyme de la lactase, qui permet aux adultes de digérer le lait, est apparue il y a environ sept mille ans dans la région du croissant fertile (aujourd'hui occupée par le Liban, Chypre, le Koweït, Israël, la Palestine, des parties de la Jordanie, de la Syrie, de l'Irak, de l'Iran, de l'Égypte, et le sud-est de la Turquie)[5]. Cette mutation génétique se serait ensuite répandue ailleurs dans le monde.

Jusque dans les années 1960, en Amérique du Nord, l'idée que pratiquement tous les adultes produisaient de la lactase était largement admise[6]. Une vision des choses bien ethnocentriste ! On sait aujourd'hui qu'on se trompait. Ce sont essentiellement les personnes dont les ancêtres sont européens ou issus de peuples nomades d'Afrique qui peuvent digérer le lait à l'âge adulte. En fait, à l'échelle de la planète, à peine 25 % de la population possède la persistance de la lactase[7].

Dans les pays du Nord, en Europe comme en Amérique, jusqu'à 80 % des gens peuvent digérer le lait. Mais ce pourcentage diminue en descendant vers le sud. En Grèce ou en Italie, ce ne sont que 5 % des adultes qui possèdent l'enzyme. Ailleurs dans le monde, les disparités sont énormes. En Afrique, par exemple, dans certaines populations, la persistance de la lactase est présente chez tout le monde, tandis que dans d'autres, parfois voisines, elle est totalement absente. En Asie, la capacité de digérer le lactose est en général inexistante, à l'exception de quelques régions du Proche-Orient et de l'Inde[8].

L'effet du lait sur le système digestif des personnes intolérantes (c'est-à-dire des trois quarts de la population humaine) n'est pas étranger à sa réputation de « purgatif ». Les cultures qui ne consomment pas de lait considèrent parfois que c'est un fluide « sale », comme l'urine[9]. Je reviendrai sur les symptômes de l'intolérance au lactose (à ne pas confondre avec l'allergie au lait) au chapitre 3.

TOUT LE MONDE N'EST PAS PAREIL

La plupart des experts s'entendent pour dire que la capacité de digérer le lait à l'âge adulte a très probablement augmenté avec le temps, du moins dans certaines régions du monde. C'est qu'elle présente un avantage adaptatif. Ainsi, en Afrique, il existe une corrélation assez forte entre le fait d'avoir des ancêtres éleveurs et la persistance de la lactase. Chez les éleveurs de bétail, celle-ci a permis des gains nutritionnels : le lait constitue en effet une source de protéines et de graisses accessible tout au long de l'année. Cette nouvelle aptitude aurait aussi contribué à réussir la transition d'un mode de vie basé sur la chasse à un mode de vie agraire : en effet, si on consomme le lait et la viande d'un animal, on obtient beaucoup plus de calories que si on ne mange que sa viande[10]. Ainsi, mieux vaut élever les animaux que les chasser.

Chose certaine, il n'existe pas une seule explication au développement de la persistance de la lactase, mais des réponses particulières pour chaque région du monde et chaque époque de l'histoire humaine[11].

TAUX D'INTOLÉRANCE AU LACTOSE
CHEZ CERTAINES POPULATIONS[12]

Vietnamiens	100 %
Thaïs	90 %
Grecs	85 %
Japonais	85 %
Afro-Américains	70 %
Premières Nations	60 %
Juifs israéliens	50 %
Italiens du Nord	50 %
Français	32 %
Américains caucasiens	25 %
Européens du Nord	7 %

LE LAIT DE VACHE N'EST PAS DU LAIT HUMAIN

Il y a toutefois un lait dont la consommation est vraiment « naturelle » : c'est le lait… humain. En fait, tous les mammifères boivent du lait de leur naissance jusqu'à leur sevrage. Il existe quelque cinq mille quatre cents espèces et autant de sortes de glandes mammaires. Chaque espèce est unique. La composition de chaque lait l'est également : le taux de gras, de protéines, de glucides, de sodium, etc., varie selon les besoins des petits.

COMPARAISON DE LA COMPOSITION DU LAIT DE DIFFÉRENTS MAMMIFÈRES

Type de lait	Pourcentage de protéines*	Nombre de jours pour doubler le poids à la naissance
Humain	5	180
Cheval	11	60
Vache	15	47
Chèvre	17	19
Chien	30	8
Chat	0	7
Rat	49	4

* Pourcentage de l'apport calorique fourni par les protéines.
 Le reste vient des lipides et des glucides.

Lorsque l'on compare le lait de vache au lait humain, on ne peut qu'être frappé par ce qui les distingue. Les veaux semblent avoir besoin de presque quatre fois plus de protéines et de calcium que les bébés humains. Ce n'est pas très surprenant : un veau double son poids de naissance en quarante-sept jours alors qu'un enfant y met environ six mois[13].

Goût, dégoût et perception

Nous buvons du lait de vache, mangeons du fromage de chèvre et de brebis alors que l'idée de boire du lait humain, voire de jument ou de chienne nous rebute. Pourquoi ? C'est une question de perception. Nous voyons les aliments comme bons ou mauvais, roboratifs ou chics, purs ou impurs. Ces perceptions, souvent acquises culturellement, expliquent qu'un hindou trouve dégoûtant de manger du bœuf et qu'un Occidental répugne à ingérer du chien ou du chat.

Nos perceptions sont structurées par ce que les psychologues appellent des schémas et des catégories mentales. Ce sont des cadres psychologiques qui agissent automatiquement en organisant et en interprétant les informations reçues[14]. Par exemple, si vous entendez le mot « médecin », vous imaginez probablement un homme avec un sarrau blanc et un stéthoscope au cou qui reçoit des patients dans un cabinet ou un hôpital. Même si un grand nombre de médecins sont des femmes ou travaillent dans des environnements différents, on les perçoit à travers ce schéma et ces catégories mentales.

NUTRIMENTS POUR 100 GRAMMES DE LAIT (EN G)

	Protéines	Glucides	Sodium	Phosphore	Calcium
Humain	1,1	9	16	18	33
Vache	4	4,9	50	97	118

Or, on a aussi des catégories mentales pour les animaux qui nous entourent : ceux qu'on mange et ceux qu'on aime, ceux qui produisent du lait pour les humains et ceux qui en produisent pour leur progéniture. De même, devant un verre de lait, on verra plutôt une boisson blanche et nourrissante qu'un liquide tiède qui sort du pis d'une vache – et destiné à un veau*.

---

*   Des études montrent d'ailleurs que les gens sont souvent mal à l'aise devant de la viande qui ressemble à un animal et préfèrent les coupes où on ne peut distinguer la forme originale de la bête : les catégories « animaux » et « aliments » sont bien distinctes.

La psychologue Melanie Joy s'est demandé si l'absence de dégoût qui nous permet de boire du lait de vache ou de manger sa chair était innée ou acquise : elle estime qu'elle est en grande partie acquise. Nous apprenons que c'est normal de consommer du lait de vache et cette croyance nous protège d'une émotion négative[15]. Bref, même le goût pour le lait ne serait pas vraiment « naturel ».

En définitive, pour l'être humain, boire du lait de vache ressemble plus à une exception qu'à une règle. En tout cas, c'est loin d'être un comportement

THE LACTATION STATION

Un adulte humain pourrait-il boire du lait maternel ? Jess Dobkin, une artiste torontoise, s'est intéressée à cette question en créant une performance artistique intitulée *The Lactation Station*. Une œuvre pour le moins dérangeante où le public est invité à participer à une dégustation de lait de sa propre espèce. Comme lors des dégustations de vins, l'artiste présente chaque lait en donnant quelques détails sur la femme qui l'a produit et l'alimentation de cette dernière. Puis on goûte le liquide blanc servi dans un petit gobelet de plastique.

J'ai assisté à la performance de Dobkin à Montréal au printemps 2012. Cela m'a demandé un certain courage. Car, il faut bien le dire, l'idée de boire du lait maternel me dégoûtait. Pourtant, le lait offert n'avait rien de dangereux, il était même pasteurisé. J'ai osé. Première impression : ça goûte, ça goûte beaucoup. On est loin des saveurs neutres auxquelles le lait d'épicerie nous a habitués. Ensuite, c'est sucré, très sucré. J'ai eu du mal à boire mes trois gorgées. Manifestement, je suis *vraiment* sevrée !

universel : nos ancêtres n'en buvaient pas, les trois quarts de l'humanité sont encore intolérants au lactose et notre amour pour lui est acquis. Évidemment, ce constat ne nous dit rien sur ce qu'on devrait faire. Faut-il en boire ? Si le lait est nécessaire comme on nous l'affirme, il le serait pour quoi ?

ON EN A BESOIN
POUR LES OS

Le lait n'est pas essentiel à la bonne santé de nos os. Pourquoi ? Parce qu'il est loin d'être la seule source alimentaire de calcium. Les substituts végétaux sont nombreux et encore mieux assimilés par le corps. Par ailleurs, le mode de vie et la vitamine D demeurent essentiels à une bonne santé osseuse.

C'est arrivé tout d'un coup. Voilà, presque tous mes amis ont des enfants. En quelques années, ceux qui faisaient la fête plusieurs soirs par semaine se sont métamorphosés en parents parfaits. Apprendre à consoler un bébé la nuit semble leur être venu d'instinct. Chacun essaie d'être la maman ou le papa idéal : aimant, disponible, responsable. Ces parents pleins de bonnes intentions visitent le pédiatre chaque année et suivent toutes les recommandations des spécialistes de la santé et du guide *Mieux vivre avec notre enfant*[16] qu'on leur a remis. Dans cet important volume en quadrichromie, le message est clair : les enfants doivent boire du lait, beaucoup de lait. Un ami m'a dit que le pédiatre suggérait à son fils de quatre ans d'en boire de 750 ml à 1 litre par jour. Une autre m'a montré la liste des trucs qu'une infirmière lui avait donnée pour encourager sa fille à en prendre :

– offrez-lui dans un joli verre de petites quantités à la fois ;

– ajoutez des fruits, du jus de fruits concentré ou encore de la vanille à des laits frappés ;

– le lait au chocolat peut constituer un dessert intéressant.

J'ai consulté des médecins autour de moi qui m'ont aussi répété la même chose : les enfants doivent boire du lait pour grandir et avoir des os en bonne santé. D'ailleurs, toutes les écoles et les garderies ne leur proposent-elles pas des produits laitiers ? Cela dit, en vieillissant, on n'est pas dispensés de l'obligation de consommer du lait pour être en santé. À chaque visite, mon médecin me rappelle qu'un petit yogourt comme collation, ce n'est pas de trop. Et puis, il y a la publicité : un verre de lait c'est bien, mais deux c'est mieux[17]. Pour avoir de bons os, il *faut* boire du lait.

LE LAIT N'A PAS DE PROPRIÉTÉS MIRACLES

En réalité, lorsqu'on y réfléchit un peu, n'est-il pas curieux qu'un être humain adulte et sevré *doive* boire le lait d'un autre mammifère pour avoir des os solides et être en bonne santé ? Ce serait une exception dans la nature : aucun autre animal n'ingère du lait d'une autre espèce. Notre plus proche cousin, le chimpanzé, avec qui on partage 99 % de notre code génétique[18], ne boit plus une seule goutte de lait une fois sevré à l'âge de trois ou quatre ans. Il ne souffre pas pour autant d'ostéoporose – tout comme la majorité des humains intolérants au lactose.

Les plus grands consommateurs de lait, ce sont les enfants. Un enfant en santé est un enfant avec un berlingot à la main ; une école qui n'offrirait pas de lait à ses élèves serait une mauvaise école. Pourtant, rien ne prouve que boire du lait pendant l'enfance contribue à construire un meilleur squelette. Une équipe de chercheurs a analysé les résultats de cinquante-huit études portant sur le lien entre la consommation de lait et la santé des os. Leurs conclusions, publiées dans la revue *Pediatrics* en 2005, sont sans équivoque : « Dans les études cliniques, longitudinales, rétrospectives et transversales, ni l'augmentation de la quantité de produits laitiers consommés ni la quantité totale de calcium consommé n'ont montré même un modeste bénéfice pour la santé osseuse des enfants ou des jeunes adultes. Peu de preuves soutiennent les recommandations nutritionnelles qui encouragent l'augmentation de la consommation de lait ou de produits laitiers[19]. »

Quant aux adultes qui ont des pertes de densité osseuse ou souffrent d'ostéoporose, ce n'est pas parce qu'ils manquent de lait. Les causes sont nombreuses : les facteurs héréditaires sont importants, mais le style de vie aussi. La consommation de sel, de caféine, le tabac, le manque d'activité physique et l'exposition au soleil peuvent amplifier le phénomène (voir l'encadré sur l'ostéoporose à la page suivante).

DU CALCIUM DANS L'ASSIETTE

Bien que le lait ne soit pas nécessaire pour avoir des os en santé, on a besoin de calcium. Les experts ont toutefois du mal à s'entendre sur la quantité exacte de calcium qu'on devrait consommer. Alors que l'Organisation mondiale de la santé et la FAO (l'Organisation des Nations Unies pour l'alimentation et l'agriculture) préconisent un apport minimum de

QU'EST-CE QUE L'OSTÉOPOROSE ?

L'ostéoporose rend les os poreux et plus susceptibles de se fracturer lors d'une chute banale qui, en temps normal, aurait été sans conséquence.

La maladie est largement répandue chez nous. Elle touchera une femme sur quatre et un homme sur huit[20].

L'ostéoporose n'est pas un virus ou une bactérie qu'on attrape. C'est un déséquilibre entre la construction et la destruction osseuse. La perte osseuse est le résultat de nombreux autres facteurs, dont la génétique, l'alimentation, l'activité physique et la production hormonale. Les femmes ménopausées seraient plus nombreuses à souffrir d'ostéoporose que les hommes. Cela viendrait d'une rapide diminution de leur production d'œstrogènes, laquelle aurait un effet sur la production et la qualité des fibres existantes de collagène, et donc sur la charpente osseuse.

400 mg à 500 mg par jour pour prévenir l'ostéoporose[21], en Amérique du Nord, les recommandations officielles sont de 1 000 mg pour les personnes de dix-neuf à cinquante ans[22]. Il semblerait que plus le mode de vie de la population visée comporte des facteurs de risque (consommation de café, de sel, de tabac, manque d'activité physique, peu d'exposition au soleil), plus les recommandations en calcium sont élevées.

Le plus important, c'est que le lait est loin d'être la seule source alimentaire de calcium. Ses substituts sont nombreux. Le tableau suivant compare la quantité de calcium présente dans les différents aliments[23].

ALIMENTS	PORTION	CALCIUM (mg)
Légumes et fruits		
Légumes		
Chou cavalier, congelé, cuit	125 ml (½ tasse)	189
Épinards, congelés, cuits	125 ml (½ tasse)	154
Chou cavalier, cuit	125 ml (½ tasse)	141
Feuilles de navet, congelées, cuites	125 ml (½ tasse)	132
Épinards, cuits	125 ml (½ tasse)	129
Feuilles de navet, cuites	125 ml (½ tasse)	104
Chou vert frisé, congelé, cuit	125 ml (½ tasse)	95
Fruits		
Jus d'orange, enrichi de calcium	125 ml (½ tasse)	155
Lait et substituts		
Lait et substituts		
Babeurre	250 ml (1 tasse)	370
Lait de chèvre, enrichi	250 ml (1 tasse)	345
Boisson de soya ou de riz, enrichie de calcium	250 ml (1 tasse)	319-324
Lait 3,3 % homogénéisé, 2 %, 1 %, écrémé, au chocolat	250 ml (1 tasse)	291-322
Lait en poudre	24 g (4 c. à table) de poudre donnera 250 ml de lait	302

ALIMENTS	PORTION	CALCIUM (mg)
Fromage		
Gruyère, suisse, chèvre, cheddar faible en gras, mozzarella faible en gras	50 g (1 ½ oz)	396-506
Fromage fondu (cheddar, suisse ou cheddar faible en gras), tranche	50 g (1 ½ oz)	276-386
Cheddar, colby, édam, gouda, mozzarella, bleu	50 g (1 ½ oz)	252-366
Ricotta	50 g (1 ½ oz)	269-356
Cottage	250 ml (1 tasse)	146-217
Divers		
Yogourt, nature	175 g (¾ tasse)	292-332
Yogourt, fruits au fond	175 g (¾ tasse)	221-291
Yogourt de soya	175 g (¾ tasse)	206
Yogourt à boire	200 ml	190
Kéfir	175 g (¾ tasse)	187

Viandes et substituts

Poisson et fruits de mer		
Sardines, Atlantique, en conserve, dans l'huile	75 g (2 ½ oz)	286
Saumon (rose, rouge/sockeye), en conserve, avec arêtes	75 g (2 ½ oz)	179-208
Maquereau, en conserve	75 g (2 ½ oz)	181
Sardines, Pacifique, en conserve, avec sauce tomate, avec arêtes	75 g (2 ½ oz)	180
Anchois, en conserve	75 g (2 ½ oz)	174

ALIMENTS	PORTION	CALCIUM (mg)
Substituts de la viande		
Tofu, préparé avec du sulfate de calcium	150 g (¾ tasse)	243-347
Haricots (petits blancs, blancs), en conserve ou cuits	175 ml (¾ tasse)	93-141
Tahini/beurre de sésame	30 ml (2 c. à table)	130
Haricots au four, en conserve	175 ml (¾ tasse)	89-105
Amandes, rôties à sec, non blanchies	60 ml (¼ tasse)	93
Autres		
Mélasse noire	15 ml (1 c. à table)	179

Ce qui compte, c'est la biodisponibilité

La biodisponibilité d'un nutriment, c'est la proportion qui va effectivement agir dans l'organisme par rapport à la quantité absorbée. Le calcium contenu dans de nombreux végétaux a une biodisponibilité plus importante que le calcium du lait. En moyenne, on absorbe 30 % du calcium des produits laitiers et des aliments fortifiés (jus d'orange, tofu, lait de soya) et le double pour certains légumes verts comme le bok choy, le brocoli et le chou kale[24].

LE PARADOXE DU CALCIUM :
UNE FAUSSE PISTE

On a longtemps pensé que la consommation de protéines animales pouvait amplifier la décalcification des os. L'idée, c'était que les protéines animales, à la différence des protéines végétales, augmentent le taux d'acidité dans le sang. Dans le très médiatisé *Rapport Campbell*[25] (publié dans sa version anglaise, *The China Study*, en 2004), les Drs T. Colin et Thomas M. Campbell parlaient même du «paradoxe du calcium». On avait observé des taux de fracture de la hanche plus élevés dans les pays développés, où les apports en calcium sont importants, que dans d'autres pays où les apports en calcium sont pourtant plus faibles. La grande consommation de protéines animales dans les pays industrialisés semblait expliquer le phénomène : elles décalcifieraient les os.

Le biochimiste et le médecin américains avaient passé en revue une dizaine d'études pour constater que lorsque la quantité de protéines animales consommées augmente, la quantité de calcium qu'on trouve dans l'urine croît aussi[26]. Ils avaient noté que les pays où la consommation de protéines animales était la plus élevée étaient ceux qui connaissaient le plus de fractures[27].

Ces résultats auraient bien fait mon affaire ! Mais des études récentes jettent un nouvel éclairage sur le «paradoxe du calcium[28, 29, 30]». En fait, la viande augmente la quantité de calcium absorbé. Le calcium excrété ne serait donc pas celui des os, mais un excédent. Quant aux fractures dans les pays où la consommation de calcium est élevée, elles seraient liées au mode de vie. Le Dr Michael Grëger, un médecin végétalien qui prononce chaque année des dizaines de conférences sur la nutrition, a décidé de ne plus parler de décalcification causée par les protéines : «Honnêtement, j'étais

> convaincu à l'époque, mais ces nouvelles études [...]
> viennent de mettre le clou dans le cercueil [du paradoxe
> du calcium][31].»
>
> On n'en conclura pas pour autant que les protéines
> animales sont bonnes pour la santé ou essentielles à l'ab-
> sorption du calcium. Il s'agit simplement de remettre en
> question l'idée largement répandue que la consommation
> de viande serait liée à l'ostéoporose.

VITAMINE D, CLÉ DU SUCCÈS

Il y a au moins un point sur lequel on peut être d'accord avec les producteurs laitiers : le lait contient de
la vitamine D et c'est quelque chose d'essentiel à la
santé osseuse. Mais ce qu'on ne dit pas, c'est que cette
vitamine n'est pas présente naturellement dans le lait :
elle est ajoutée depuis les années 1960. À l'époque,
c'est le Dr Charles Scriver, de l'Hôpital de Montréal
pour enfants, qui avait fait pression sur le gouvernement pour qu'on ajoute la vitamine D au lait afin de
lutter contre le rachitisme[32]. Depuis, elle l'est systématiquement. On sait maintenant que la vitamine D joue
un rôle fondamental dans la santé osseuse en aidant
l'organisme à absorber et à utiliser le calcium. C'est
notamment ce que montre une mégaétude longitu-
dinale de 2003 effectuée sur des infirmières.

Une difficulté propre aux recherches en nutrition,
c'est d'obtenir des données fiables. Comment s'assurer,
par exemple, qu'on peut faire confiance aux gens qui
disent avoir mangé tel ou tel aliment ? Une solution
a été trouvée : utiliser comme sujets d'étude des personnes habituées aux protocoles scientifiques et médi-
caux. Des infirmières ! En 2003, des chercheurs ont
donc utilisé les données de la *Nurse Study*, récoltées
depuis 1976.

Plusieurs dizaines de milliers d'infirmières furent suivies pour observer la corrélation entre fracture de la hanche chez les femmes ménopausées et consommation de calcium, de vitamine D et de lait. L'alimentation de 72 337 femmes (surtout blanches) ménopausées depuis les années 1980 fut passée à la loupe[33]. Les conclusions sont claires : une consommation accrue de vitamine D est associée à une plus faible incidence de fractures de la hanche. En revanche, ni la présence de lait, ni celle de calcium dans le régime alimentaire ne semblent réduire le risque de fracture de la hanche chez les femmes postménopausées.

Au soleil ou en bouteille

Santé Canada recommande aux personnes de cinquante ans et plus de consommer trois verres de lait par jour justement pour combler les besoins en vitamine D[34], comme si c'était la seule source possible. Le *Guide alimentaire* accorde aussi la même valeur au fromage qu'au lait. Pourtant, il n'y a pas de vitamine D ajoutée au fromage (qui n'en contient donc pas).

La quantité de vitamine D recommandée a récemment été revue à la hausse, à 2000 unités internationales (UI) par jour pour les adultes[35]. Pourquoi ? Parce que même si le lait est enrichi de vitamine D depuis des années, une majorité de Canadiens ne consomment pas suffisamment de cette vitamine[36]. C'est normal : un verre de lait n'en contiendrait que 120 UI[37]. Il faudrait en boire plus de quinze par jour pour atteindre le seuil recommandé !

Pourtant, le meilleur moyen d'avoir un apport suffisant en vitamine D, c'est encore d'aller au soleil. D'avril à octobre, une simple exposition (sans écran solaire) des mains, des avant-bras et du visage d'une quinzaine de minutes, entre 11 heures et 14 heures, à raison de deux à trois fois par semaine, suffirait à assurer un apport adéquat à un adulte en bonne santé[38]. L'hiver, on conseille à tous les Canadiens (même ceux qui boivent du lait!) de se tourner vers les compléments*.

Le lait n'est pas essentiel

En 2005, la British Advertising Standards Authority (l'équivalent anglais de nos Normes canadiennes de la publicité) a obligé Nestlé à retirer une publicité de yogourt disant que les produits laitiers étaient essentiels à la santé des os. Pour l'ASA, l'usage du mot « essentiel » sous-entendait qu'il n'y a aucune autre source de calcium, ce qui est faux. Le message était donc mensonger[39].

POUR AVOIR DES OS EN SANTÉ, JE METS DANS MON PETIT PANIER...

Puisqu'il n'existe pas d'aliment miracle pour prévenir l'ostéoporose, il faut faire en sorte de se construire un « capital osseux » jusqu'à l'âge de trente ans. Le défi est ensuite de limiter la perte osseuse. Quelques pistes[40] :

– de l'exercice régulier, particulièrement de l'exercice musculaire. Privilégier les sports qui ont des impacts sur les os ou qui font supporter des charges : la marche, la course à pied, la danse, le ski, le soccer, les sports de raquette ou la musculation ;

– de la vitamine D, par l'exposition aux rayons du soleil, par des aliments enrichis ou avec des compléments ;

– de la vitamine K, qu'on trouve dans les légumes verts feuillus. Un bas niveau de vitamine K est associé à une faible densité osseuse. Les compléments de cette vitamine semblent améliorer la santé osseuse[41] ;

---

* On trouve également de la vitamine D dans certains poissons (saumon, thon, truite), qu'il faudrait éviter de consommer pour des raisons environnementales et d'éthique animale. À ce sujet, consulter mon premier livre, *Je mange avec ma tête – Les conséquences de nos choix alimentaires*, Stanké, 2011.

– un peu moins de café et de boissons gazeuses ; la caféine pourrait encourager la perte de calcium dans l'urine alors que le phosphore dans les boissons gazeuses affecterait l'équilibre calcium-phosphore.

Comment remplacer le lait ?

La réponse est simple : le lait n'a pas à être remplacé ! S'il n'est pas essentiel à la santé, ses substituts ne le sont pas non plus. Le lait ne contient aucun nutriment qui lui soit propre ; ses vitamines et minéraux sont également présents dans de nombreux végétaux qui ne sont pas blancs et liquides.

Au fait, qu'est-ce qu'on trouve dans le lait ? Outre le calcium et la vitamine D, dont on a abondamment parlé, et les protéines, glucides et lipides, le lait contient du phosphore, de la vitamine B_2, de la vitamine B_{12}, du sélénium, de l'acide pantothénique et de la vitamine A[42]. Tous ces nutriments se cachent dans des aliments que vous avez probablement déjà dans votre garde-manger. Pour des descriptions détaillées des sources alimentaires des différents nutriments, on peut consulter Passeport Santé[43].

Le lait n'a certes pas à être remplacé, mais on peut souhaiter avoir de quoi agrémenter ses céréales, son café ou ses recettes préférées. Dans ce cas, les solutions de rechange végétales sont nombreuses. En annexe, vous trouverez plusieurs substituts aux produits laitiers avec des trucs pour préparer vous-même vos « laits » végétaux. Pour le moment, voici quelques conseils pour s'y retrouver dans les propriétés nutritives des laits végétaux vendus en épicerie.

– Seule la boisson de soya enrichie a un profil nutritif similaire au lait, car c'est une des rares plantes qui possèdent des protéines « complètes ». Tous les nutriments du lait y sont présents, dans des proportions équivalentes. Pour Santé Canada, le lait est la référence absolue. C'est pourquoi on recommande à ceux qui n'en boivent pas de consommer de deux à quatre portions de boissons de soya enrichies quotidiennement.

– Toutes les boissons ne sont pas enrichies. Si on cherche des sources de vitamine B_{12}, de calcium ou de vitamine D, il faut bien regarder l'étiquette. Les boissons enrichies doivent l'être à hauteur de 30 % de la valeur quotidienne en calcium et 45 % de la valeur quotidienne en vitamine D. Ce sont les mêmes valeurs que celles du lait de vache.

– Les boissons d'amandes, de riz et de lin ne sont pas des sources de protéines. Si vous les consommez, faites-le avec un aliment protéiné !

– Vérifiez si votre boisson est sucrée. Certaines versions aromatisées (chocolat, café, etc.), notamment, peuvent contenir plus de 20 g de sucre par portion de 250 ml. Le sucre du lait (lactose), lui, est naturel et on en trouve environ 12 g dans une tasse de lait de vache. La même quantité de boisson de soya renferme environ 7-8 g de sucre. Plusieurs boissons végétales offrent également des versions non sucrées[44].

Faut-il craindre le soya ?

Parmi les laits végétaux, c'est celui de soya qui est le plus populaire. Mais il est aussi controversé. Remplacer le lait de vache par celui de soya, ce serait prendre des risques de santé inutiles. Qu'en est-il exactement ?

Le soya est cultivé et consommé depuis des millénaires en Asie[45]. Il a cependant fallu attendre le XVIe siècle pour qu'on l'implante en Amérique et encore une centaine d'années pour qu'on le fasse pousser au Canada. Aujourd'hui, le Canada réalise un peu moins de 2 % de la production mondiale de soya, ce qui le place tout de même au septième rang.

La fève de soya (qui ressemble au haricot) fournit une graine à partir de laquelle on produit de l'huile – la plus vendue dans le monde après l'huile de palme –, qu'on utilise dans l'alimentation ou comme biocarburant. Ce qui reste de la fève sert de nourriture aux animaux. La production de soya pour la consommation humaine demeure donc marginale (moins de 7 %). On en fait des dizaines de préparations : le célèbre tofu, le miso (pâte de soya fermentée), le tamari (sauce de soya traditionnelle), des yogourts… et la boisson de soya. On produit le « lait » de soya à partir de graines trempées, mélangées à de l'eau, puis cuites.

Les OGM

Deux grandes controverses touchent le soya. D'abord, la présence d'organismes génétiquement modifiés (OGM). De 50 à 75 % du soya cultivé au Canada est génétiquement modifié[46]. Les effets des OGM sur la santé sont encore mal connus et les études réalisées jusqu'ici ne permettent pas d'écarter les risques à long terme[47]. L'étiquetage des OGM n'étant pas obligatoire, difficile de savoir si nos aliments en contiennent. Mais la bonne nouvelle, c'est que la plupart des laits de soya sont faits à partir de fèves cultivées biologiquement. Pour qu'une production de soya soit certifiée biologique, l'utilisation d'engrais chimiques, de pesticides et de semences OGM est interdite. Il s'agit donc de chercher des produits de soya qui portent une certification bio.

Les isoflavones

La seconde controverse concerne les effets des isoflavones (ou phytoœstrogènes)sur la santé. Les isoflavones sont des substances chimiques naturelles qui, une fois ingérées, agissent dans l'organisme un peu à la manière des œstrogènes. Contrairement à l'idée reçue qui voudrait que les isoflavones soient dangereuses, de nombreuses études montrent qu'elles réduiraient le risque de réapparition d'un cancer du sein[48, 49, 50] et pourraient protéger contre différents cancers.

Mais les isoflavones peuvent-elles perturber le développement sexuel et affecter la fertilité masculine ? Ont-elles un impact sur la quantité de spermatozoïdes, comme on l'entend souvent[51] ? Dans les faits, la plupart des articles qu'on peut lire contre le soya ont une source commune, la Weston A. Price Foundation (WAPF), qui fait essentiellement la promotion du lait cru et des matières grasses d'origine animale[52]. En réalité, les isoflavones diminuent effectivement la concentration de spermatozoïdes, mais pas leur nombre même. La consommation de soya sera liée à une éjaculation plus abondante… avec la même quantité de spermatozoïdes[53]. Il n'existe à ce jour aucune étude sérieuse qui lie la consommation de soya aux problèmes de fertilité. Comme nous le verrons au chapitre 3, les hommes devraient plutôt s'inquiéter de la présence d'hormones de grossesse dans le lait de vache…

***

Oui, le lait, c'est bon pour les os, mais simplement en raison des nutriments qu'il contient, des nutriments qu'on peut aisément trouver ailleurs, sans courir les risques associés à la consommation de produits laitiers.

UN VERRE DE LAIT
C'EST BIEN, MAIS
DEUX C'EST MIEUX

Les produits laitiers contiennent des hormones, des allergènes, du lactose, des gras saturés, du cholestérol, de la casomorphine et des pesticides, des éléments qui, selon plusieurs études, seraient liés à un nombre étonnant de problèmes de santé.

Y a-t-il des problèmes de santé liés à la consommation du lait ? Lorsque j'ai commencé mes recherches pour ce livre, j'étais plutôt sceptique. Je sais que tout le monde ne boit pas de lait et qu'il n'est pas nécessaire de le faire, mais je n'aurais jamais pensé qu'il puisse être dangereux pour la santé. Il va toujours y avoir des théories du complot, des histoires d'intoxication, d'abus ou de grandes entreprises aux idées mal tournées, mais si boire du lait mettait notre santé en danger, on le saurait, non ?

Pourtant, les inquiétudes concernant les effets du lait sur la santé ne sont pas nouvelles. Même le Dr Benjamin Spock en parle dans la dernière édition de *Baby and Child Care*, parue en 1998. Le livre du Dr Spock a longtemps été la bible des parents. C'est d'ailleurs un des plus grands *best-sellers* de l'histoire, avec environ 50 millions d'exemplaires vendus depuis sa première édition en 1946. La version française, *L'Art d'être parents*, était l'ouvrage le plus consulté par ma mère : bien qu'il ait été usé, avec des pages détachées, elle s'y est référée depuis ma naissance jusqu'à mon adolescence.

Le Dr Spock est catégorique :

« Le lait de vache est controversé parmi les médecins et les nutritionnistes. Il fut une époque où il était considéré comme très souhaitable de boire du lait, mais la recherche nous a forcés à repenser cette recommandation… Les produits laitiers contribuent à un nombre étonnant de problèmes de santé[54]. »

Il n'est pas le seul. En 2001, le gouvernement des États-Unis a demandé à un panel scientifique d'examiner les allégations faites dans la promotion du lait. Ce comité a conclu que le lait ne pouvait être considéré comme une boisson sportive, pas plus qu'il ne prévenait spécifiquement l'ostéoporose. Mais le plus important, c'est que le comité a ajouté que le lait entier pouvait jouer un rôle dans le développement de maladies cardiaques et du cancer de la prostate[55]. Qu'en disent Santé Canada et les producteurs laitiers ?

Nul besoin de se soucier

Sur leur site, Savoir laitier, les producteurs de lait du Canada s'efforcent de répondre aux « mythes et réalités » relatifs aux produits laitiers. Ils se veulent rassurants : « Selon les données scientifiques disponibles, nul besoin de se soucier d'éventuels effets négatifs sur la santé de la consommation de produits laitiers. » « Nul besoin de se soucier » ? Souvent, quand quelqu'un nous dit de ne pas nous inquiéter, c'est qu'il y a quelque chose à cacher. D'ailleurs, les stratèges du marketing des fabricants de cigarettes l'ont bien compris, comme en témoigne le rapport *Project Viking* d'Imperial Tobacco en 1986 : « L'essentiel ici est l'art de rassurer les fumeurs, de les garder sous notre emprise le plus longtemps possible[56]. » Quant au *Guide alimentaire canadien*, il ne mentionne aucun risque lié à la consommation de produits laitiers.

J'ai cherché à comprendre ce qu'il en était vraiment. J'ai consulté des dizaines d'études scientifiques et j'ai croisé différentes sources. Ce que j'ai lu m'a à la fois surprise et terrifiée. Le verre de lait, plutôt que de nous garder en santé, semble être une des causes des maladies les plus fréquentes dans nos sociétés. Qu'y a-t-il donc d'inquiétant dans le lait ?

Le lait contient des hormones

Les producteurs l'assurent : on ne trouve pas d'hormones dans le lait vendu au Canada. C'est en partie vrai. Les hormones de croissance artificielles, comme la somatotrophine bovine recombinante (STbr) utilisée aux États-Unis pour accroître la production des vaches laitières, ne sont pas permises au Canada. Pourtant, cela ne signifie pas qu'il n'y a pas du tout d'hormones dans le lait. Au contraire. Il contient une quantité importante d'hormones : les hormones de grossesse que produisent les vaches et des hormones de croissance qui servent à faire grandir les veaux.

Pour qu'une vache donne du lait, cela nécessite au préalable la naissance d'un veau. La gestation dure neuf mois et, à l'état naturel, une vache allaite son petit de six à neuf mois avant de retomber enceinte. Mais de nos jours, les vaches laitières continuent de produire du lait pendant qu'elles sont en gestation. En fait, les vaches « modernes » sont en lactation trois cent cinq jours par année, soit durant à peu près toute leur grossesse. Quatre-vingts pour cent du lait produit provient donc de vaches enceintes. Voilà pourquoi il contient une importante concentration d'hormones de grossesse : les œstrogènes et la progestérone.

LA COURBE DE LACTATION DES VACHES LAITIÈRES

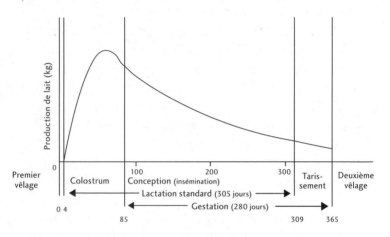

Source : d'après Timothy Simalenga et R. Anne Pearson, *Using Cows for Work*, University of Edinburgh, 2003.

Cycle de lactation des vaches

Le lait renferme également des hormones naturelles de croissance, les IGF-1 (*insulin-like growth factor*). Chez les vaches comme chez les humains, les IGF-1 sont majoritairement sécrétées par le foie et libérées dans le sang. Elles jouent un rôle important dans la croissance des enfants ; elles ont aussi des effets sur le développement musculaire des adultes. On trouve naturellement des IGF-1 dans le lait pour que les bébés et les veaux puissent en profiter. S'il y en a une plus grande concentration dans le lait des vaches américaines à qui on a donné des hormones de croissance, notre lait québécois en contient aussi, puisque l'IGF-1 n'est pas détruite par la pasteurisation (le processus par lequel le lait est chauffé pour que ses bactéries soient détruites)[57].

Des hormones de vache dans le corps humain

Il y a donc des hormones dans le lait de vache que l'on consomme. Mais sont-elles absorbées ? Et si tel est le cas, le sont-elles en quantité suffisante pour avoir un effet sur notre corps ? Des études récentes répondent par l'affirmative à ces deux questions[58]. En 2009, les chercheurs japonais de l'équipe de Kazumi Maruyama ont mesuré la concentration d'œstrogènes et de progestérone dans le sérum et l'urine de jeunes hommes et d'enfants prépubères après qu'ils eurent bu du lait. Ils ont aussi examiné l'effet d'une consommation quotidienne de lait sur les cycles menstruels de femmes en santé. Si le lait contient une importante concentration d'œstrogènes et de progestérone, le moment de l'ovulation pourrait être affecté[59][*].

Après avoir bu du lait, le taux de testostérone a diminué chez les hommes et la concentration d'hormones de grossesse (œstrogènes et progestérone) dans le sang a augmenté significativement chez les femmes. Une concentration qu'on peut associer à un risque accru d'ovulations multiples. D'ailleurs, la forte consommation de lait est liée aux grossesses gémellaires : les femmes qui boivent du lait ont cinq fois plus de chances de donner naissance à des jumeaux que celles qui n'en consomment pas[60].

Impacts sur la santé

Il est difficile de connaître le véritable effet des hormones de vache sur la santé humaine. Les études de contrôle sont impossibles : tout le lait produit en contient. Même les consommateurs de lait bio ne sont pas à l'abri des hormones de grossesse et de croissance ! Absorber des hormones de grossesse toute sa

---

[*] Tout comme les vaches québécoises, les vaches japonaises ne sont pas soumises à des traitements au STbr.

vie peut avoir des conséquences, et de plus en plus de chercheurs sont convaincus que notre système ne peut pas gérer cette invasion d'hormones de vache. Elles seraient en partie responsables du développement de l'acné et de certains cancers.

L'acné, c'est le cauchemar des adolescents. Les prédispositions génétiques, le stress, la transpiration et la prise de certains médicaments jouent un rôle dans son développement. Mais alors qu'elle affecte jusqu'à 85 % des adolescents occidentaux, elle est inexistante chez les populations qui ne consomment pas de lait[61]. Même si le lien de cause à effet est difficile à établir, on constate que la concentration d'hormones dans le lait est suffisamment importante pour stimuler la production de sébum. L'IGF-1, en particulier, pourrait être en cause. C'est à quinze ans que la production naturelle d'IGF est à son maximum. L'addition de l'IGF du lait pourrait être de trop[62]. Les buveuses de lait semblent d'ailleurs plus souffrir d'acné que les non-buveuses. Une grande étude sur 47 000 femmes a montré que celles qui ont consommé le plus de lait étaient plus sujettes à l'acné lorsqu'elles étaient adolescentes[63]. Publiée en 2006, une autre étude portant sur 6 094 jeunes filles de neuf à quinze ans a confirmé que les adolescentes souffrant d'acné étaient celles qui buvaient le plus de lait de vache[64].

Le lien entre la consommation de lait et le développement de cancers est plus difficile à établir. On observe tout de même depuis les années 1960 un accroissement sensible des cas de maladies liées à l'œstrogène, telles que les cancers des ovaires, de l'utérus, des testicules et de la prostate. Or, lorsqu'on cherche des corrélations entre ces cancers et les habitudes alimentaires, ce qui ressort fortement, c'est la présence importante de lait et de fromage dans le régime des patients. Mais qu'est-ce qui a changé dans le lait depuis les années 1960 ? C'est la grossesse des vaches pendant la lactation et donc l'augmentation du taux d'hormones dans le lait[65, 66, 67]. La concentration d'hormones dans le lait ferait aussi en sorte que les femmes qui en boivent beaucoup après la ménopause aient un risque accru de cancer du sein[68]. En effet, les œstrogènes jouent un rôle dans la prolifération cellulaire : ils pourraient donc encourager la croissance des cellules cancéreuses.

Des chercheurs de Harvard ont étudié le profil de 100 000 femmes de vingt-six à quarante-six ans. Celles qui consommaient le plus de viande ou de produits laitiers étaient aussi celles qui avaient le plus de risques de contracter un cancer du sein (33 % plus que celles qui en consommaient le moins)[69]. Dans une métaétude de 2006, les scientifiques qui ont analysé les données primaires de douze études sur le sujet ont constaté une augmentation du risque de cancer ovarien chez les femmes buvant trois verres de lait et plus par jour[70]. Les hommes ne sont pas oubliés : plus de vingt études établissent un lien entre le cancer de la prostate et la consommation de lait de vache[71]. La meilleure façon de lutter contre ce cancer est peut-être de couper sa moustache de lait !

Enfin, plusieurs études font le lien entre l'absorption d'IGF-1 et le cancer. Une hypothèse explicative : l'hormone pourrait accroître les risques de développer cette maladie en empêchant les cellules malignes de mourir[72].

LE LAIT CONTIENT DES ALLERGÈNES

On s'imagine que quelqu'un qui souffre d'allergie alimentaire ne sort jamais sans son EpiPen et qu'il risque la mort s'il entre en contact avec l'allergène – le plus souvent des noix. Mais on peut aussi être affecté pendant des années sans le savoir. En effet, les symptômes d'une allergie alimentaire sont parfois difficilement identifiables : fatigue chronique, anxiété, palpitations cardiaques, etc. Pour l'allergologue Stephen Astor, auteur de *Hidden Food Allergies*, c'est le tiers de la population qui souffrirait d'allergies alimentaires[73]. L'allergie au lait de vache est une des plus courantes. Les chiffres officiels parlent de 0,3 % des Canadiens[74], mais elle pourrait toucher 7,5 % d'entre nous[75]. Chez les enfants, c'est l'allergie la plus fréquente[76]*.

Les réactions allergiques sont déclenchées lorsque des cellules appelées mastocytes entrent en contact avec l'allergène. Celui qui est grandement responsable de l'allergie au lait est une protéine : la bêta-caséine. Quand les mastocytes entrent en contact avec la bêta-caséine, ils libèrent des molécules, les histamines, qui stimulent la production de mucus, la contraction musculaire et l'inflammation[77].

Symptômes liés à l'allergie au lait

La scène se déroule dans la cafétéria d'un bureau, et elle a dû se produire des dizaines de fois partout en Occident. Au moment du dessert, ma copine Julie, alors enceinte jusqu'aux dents, croque dans une pomme. Une collègue intervient promptement, comme pour empêcher une catastrophe : « Tu ne manges pas de yogourt ? Mais t'avais pas de produit laitier dans ton lunch. Ton bébé ! » Tous semblent croire en la nécessité de consommer des produits laitiers pendant la grossesse. Pourtant, cette croyance ne serait pas fondée. De récentes études montrent que les mères végétaliennes (qui ne prennent pas de produits laitiers) suivant un régime équilibré ont des enfants en bonne santé[78].

En réalité, plutôt que de mettre la santé du bébé en péril, les femmes qui évitent les produits laitiers avant, pendant et après la grossesse pourraient réduire

---

*   Les autres allergènes souvent retrouvés sont le gluten, le maïs, les agrumes, le blanc d'œuf et le soya.

le risque d'effets secondaires indésirables chez l'enfant : diabète de type 1, otites, carence en fer, coliques, etc.[79, 80, 81, 82]. Ces maladies sont souvent symptomatiques d'une allergie, le plus souvent au lait de vache.

Mais les adultes aussi peuvent souffrir d'allergie au lait. En effet, le lait de vache contient au moins trente protéines susceptibles de provoquer des réactions allergiques. Celles-ci peuvent être immédiates ou apparaître de 24 à 72 heures plus tard. Les symptômes peuvent durer de quelques jours à plusieurs semaines[83]. Or, comme la réaction n'est pas toujours instantanée, il est possible d'être allergique au lait pendant des années sans le soupçonner.

Il semblerait que deux symptômes fréquents soient les maux de tête et l'asthme. Par exemple, après le retrait des produits laitiers de l'alimentation de quarante-quatre patients migraineux et asthmatiques, trente-trois d'entre eux constatèrent une amélioration significative de leur état[84]. Comme une étude récente l'a confirmé, les otites peuvent aussi être causées par une allergie au lait[85]. En effet, le corps réagit à l'allergène en produisant du mucus, des fluides et une inflammation de la gorge, des voies nasales et de la trompe auditive. Le terrain devient alors propice à la prolifération des bactéries – et d'une otite. Dans une étude de 1994, on a retiré les aliments allergènes des assiettes de cent quatre enfants souffrant d'otites. Dans 86 % des cas, l'otite s'est guérie. Pour la plupart, l'allergène responsable était le lait[86].

De même, l'arthrite et les douleurs articulaires proviennent souvent d'une allergie au lait. On trouve de nombreux témoignages de personnes qui en sont venues à bout en arrêtant de consommer des produits laitiers. Des milliers de Québécois ont lu *Comment j'ai vaincu la douleur chronique par l'alimentation*, le récit de Jacqueline Lagacé[87]. Elle y raconte qu'en moins de dix-huit mois, elle a retrouvé l'usage de ses doigts en retirant le gluten, les produits laitiers et d'autres allergènes de son alimentation.

Un cas similaire a été rapporté par le *British Medical Journal* dans les années 1980[88]. Une femme de trente-huit ans souffrait d'arthrite sévère et aucun médicament ne pouvait la soulager de ses douleurs. Un médecin a remarqué qu'elle consommait beaucoup de fromage – plus de 450 g par jour – et lui a proposé d'éliminer tous les produits laitiers. En moins de deux semaines, les symptômes de son arthrite ont commencé à disparaître. Au bout de quelques mois, elle était pratiquement rétablie et ne prenait plus de médicaments. Pour tester son hypothèse, le médecin lui a alors demandé de réintroduire le fromage dans son alimentation. En moins de vingt-quatre heures, les douleurs étaient revenues. Puis les symptômes sont de nouveau partis lorsqu'elle a arrêté de manger des produits laitiers.

Comme l'arthrite, le diabète de type 1 est une maladie auto-immune, c'est-à-dire que le corps s'attaque lui-même. Il apparaît généralement chez les enfants et les adolescents; on l'appelle aussi diabète juvénile. Le pancréas est alors incapable de produire de l'insuline, dont le rôle est de transformer le glucose du sang. Puisque le corps ne sécrète pas d'insuline, le niveau de sucre dans le sang augmente dangereusement.

On comprend encore mal les causes de ce type de diabète. Mais en 1999, des chercheurs ont émis l'hypothèse qu'il était lié à une réaction allergique au lait. Ils ont présenté leurs résultats à un important colloque de l'American Diabetes Association[89]. Depuis, une centaine d'études qui confirment leurs travaux ont été publiées sur le sujet[90]. Lorsqu'on examine les données par pays, on constate une forte corrélation entre l'incidence du diabète de type 1 et la quantité de lait consommée par les enfants[91]. Plus ces derniers sont exposés jeunes au lait de vache, plus fort est le risque de développer une réaction auto-immune qui peut causer le diabète.

Enfin, il faut savoir que la source la plus fréquente de coliques chez les nourrissons serait l'allergie au lait de vache. Et malheureusement, les enfants allaités ne sont pas à l'abri puisque leur mère peut leur transmettre les protéines du lait de vache[92,93]. Un bébé difficile tente peut-être simplement de communiquer qu'il est allergique au yogourt de sa maman...

LE LAIT CONTIENT DU LACTOSE

Nombreux sont ceux qui confondent allergie et intolérance au lait. Comme on vient de le voir, l'allergie est causée par certaines protéines et entraîne des réactions immunitaires, alors que l'intolérance vient plutôt de l'absence d'une enzyme qui permet de digérer le lait, la lactase, et qu'elle toucherait les trois quarts des humains (revoir à ce sujet le chapitre 1).

Lorsqu'une personne ne produisant pas de lactase consomme du lait, des symptômes gastro-intestinaux apparaissent entre trente minutes et deux heures après l'ingestion : ballonnements, diarrhées, douleurs ou crampes abdominales, vomissements (surtout chez l'enfant) et constipation.

La teneur en lactose diffère selon les produits laitiers. Ainsi, la transformation du fromage permet aux adultes d'assimiler le lait, même en l'absence de la lactase.

	Quantité de lactose[94]
Yogourt (250 ml)	16 g
Lait liquide (250 ml)	13,02 g
Fromage cheddar (50 g)	0,12 g

Le lait contient des gras saturés et du cholestérol

S'il y a bien un consensus scientifique en matière de nutrition aujourd'hui, c'est celui-ci : les deux facteurs de risque les plus importants pour les maladies cardiaques sont la consommation de gras saturés et le cholestérol. Or, on trouve les deux dans le lait de vache. À titre d'exemple, un verre de 250 ml de lait 2 % contient 3,3 g de gras saturés et 21 mg de cholestérol, et un morceau de cheddar de 50 g, 10,5 g de gras saturés et 53 mg de cholestérol[95]. Même la Food and Drug Administration (l'équivalent américain de Santé Canada) le dit : « Certains gras sont plus susceptibles de causer des maladies cardiaques. Ces gras se trouvent habituellement dans les aliments d'origine animale comme la viande, le lait, le fromage et le beurre[96]. »

En revanche, la corrélation entre la consommation de produits laitiers et le risque de développement de maladies coronariennes est difficile à établir, et de nombreuses études arrivent à des résultats contradictoires[97]. Un article récent publié par l'*American Heart Association Journals* montre que les produits laitiers à haute teneur en matières grasses sont associés à une augmentation du risque de contracter des maladies coronariennes chez les femmes[98]. Les personnes à risque devraient donc être prudentes.

Même le lait à 2 % de matières grasses constitue une source importante de gras. En poids, il est vrai, seulement 2 % du litre de lait est constitué de lipides. Mais c'est la proportion des calories provenant des lipides qui doit être mesurée pour comparer la teneur en matières grasses des différents aliments : si on prend un carré de beurre et qu'on le mélange à 1 litre d'eau, la proportion de gras dans le pichet sera moindre que si on avait mélangé le même carré à 250 ml d'eau.

Or, la quantité totale de gras reste la même. Ce qu'on veut mesurer, c'est la quantité de matières grasses dans le total des calories ingérées. Dans un verre de lait à 2 %, c'est 34 % de l'apport calorique qui provient des lipides, alors que Santé Canada recommande de limiter la part de calories d'origine lipidique à 20 à 35 % chez les adultes[99]. Autrement dit, même le lait à 2 % est très riche. Mais rien ne vaut le fromage : dans un fromage moyen, 70 % des calories viennent des gras, principalement des gras saturés – ceux qui bloquent les artères.

Assez curieusement, l'industrie mobilise beaucoup de ressources pour tenter de nous convaincre que les produits laitiers sont essentiels au maintien d'un poids santé. Aux États-Unis, le National Dairy Council a dépensé 200 millions de dollars sur deux ans pour promouvoir l'idée que le lait de vache aide à la perte de poids[100]. Ici, les producteurs laitiers ont créé un site internet uniquement sur ce sujet : votrepoidssante.ca. Pourtant, les études indépendantes ne font pas de lien entre la perte de poids et la consommation de produits laitiers[101, 102]. Elles ont même tendance à montrer le contraire. La campagne publicitaire des producteurs américains corrélant consommation de lait et perte de poids a d'ailleurs dû être retirée, faute de s'appuyer sur des preuves scientifiques[103].

Constatant que les études réalisées sur de longues périodes étaient peu nombreuses en la matière, des chercheurs ont suivi un groupe de près de 13 000 enfants américains pendant trois ans, entre 1996 et 1999. Ils ont noté l'évolution de leur masse corporelle. Les enfants qui buvaient le plus de lait sont aussi ceux qui ont pris le plus de poids. Les chercheurs sont catégoriques : « Nos observations ne soutiennent pas les théories selon lesquelles consommer plus de lait peut contribuer à contrôler l'embonpoint[104]. »

LE LAIT CONTIENT DE LA CASOMORPHINE

La mort subite du nourrisson est la première cause de mortalité chez les bébés âgés d'un mois à un an[105]. Quelques facteurs de risque ont été identifiés : la position de sommeil, la fumée secondaire et une température élevée dans la chambre. Mais il semblerait que la casomorphine, produite par la dégradation de la caséine du lait de vache consommé par la mère et transmise par l'allaitement, soit aussi en cause.

La casomorphine est un peptide, soit un fragment de protéine dont les effets sur le système nerveux sont similaires à celui de la morphine : c'est pourquoi les bébés s'endorment souvent en buvant. Chez un jeune enfant dont le système nerveux n'est pas totalement développé, la casomorphine pourrait entraver la partie du cerveau responsable de la respiration, ce qui causerait l'apnée (arrêt respiratoire) ou la mort. Le phénomène est rare parce que, en général, une enzyme dégrade la casomorphine. Mais chez quelques nourrissons, cette enzyme ne fonctionne pas adéquatement[106, 107]. Les bébés qui boivent du lait de vache (ou dont la mère en consomme) courent un risque deux fois plus grand d'être atteints du syndrome de mort subite que ceux qui n'en prennent pas[108].

LE LAIT CONTIENT DES PESTICIDES

Le lait de vache pourrait également être lié au développement de la maladie de Parkinson. Dans une étude réalisée sur 7 500 hommes, on a montré que ceux qui buvaient plus de deux verres de lait par jour couraient deux fois plus de risques de contracter la maladie que ceux qui n'en consommaient pas[109]. Une autre étude échelonnée sur neuf ans a analysé le cas de 57 000 hommes et de 73 000 femmes. Le lien entre

Un petit « détail » qui fait toute la différence

Dans son essai *Devil in the Milk*[110], le professeur d'agriculture néo-zélandais Keith Woodford explique comment la bêta-caséine (une protéine du lait) varie selon la génétique des vaches. Il décrit les deux grandes familles de la bêta-caséine : la A1 et la A2. On aurait donc deux sortes de vaches : les A1 et les A2. Pourquoi ce détail est important ? Parce que la A1 libérerait un opiacé, le BCM-7, lorsqu'on la digère. Pas d'opiacé avec le lait provenant de vaches A2. C'est cet opiacé des vaches A1 qui serait responsable de nombreux maux qu'on a décrits : maladies cardiaques, diabète de type 1 et maladies auto-immunes.

Pour le moment, il est impossible de trouver du lait A2 en Amérique du Nord. En revanche, en Europe, en Australie et en Nouvelle-Zélande, il est largement répandu. L'auteur défend la thèse qu'il faudrait remplacer les troupeaux de vaches A1 par des vaches de type A2, une idée encore contestée, mais dont il faudra suivre l'évolution au cours des prochaines années.

la consommation de lait et le développement de la maladie est frappant chez les hommes, mais inexistant chez les femmes. Alors que tous les produits laitiers augmentaient le risque de souffrir de Parkinson, c'est avec le lait que la corrélation semblait la plus forte, sans que l'on comprenne encore bien le mécanisme[111]. Certains chercheurs suggèrent que la cause pourrait être non pas dans les nutriments, mais dans les pesticides qui passent de l'alimentation de la vache au lait qu'elle produit[112].

J'arrête ici cette liste fastidieuse et décourageante – mais nécessaire – des ingrédients du lait dont les effets semblent indésirables. Il ne faut évidemment pas en conclure que le lait est un poison. D'ailleurs, quand bien même une substance présenterait des dangers potentiels, cela ne signifie pas que nous ne devrions pas en consommer. Sauf que, nous l'avons vu, nous n'avons pas besoin de lait pour être en santé. Non seulement il n'est pas nécessaire, mais on sait maintenant que sa consommation peut être néfaste pour la santé. Boire du lait, c'est peut-être prendre un risque inutile. À l'inverse, arrêter d'en boire pourrait nous soigner de plusieurs symptômes. Alors, pourquoi les médecins ne nous en parlent-ils pas ?

QUE L'ALIMENT SOIT TON MÉDICAMENT

Né en 460 avant J.-C., Hippocrate, le père de la médecine, aurait décrit en ces termes l'importance d'une saine alimentation pour vivre en santé : « Que l'aliment soit ton seul médicament. » Le hic, c'est que ceux qui prêtent son serment fondent aujourd'hui leur pratique sur la médication et la chirurgie. La nutrition est encore très peu enseignée dans les facultés de médecine : pendant les quatre années que dure sa formation, un aspirant médecin n'aura souvent aucun cours de nutrition[113].

Malgré tout le succès du livre *Les Aliments contre le cancer* des Drs Richard Béliveau et Denis Gingras (Trécarré, 2005), on soigne toujours avec des médicaments, pas avec des aliments. Pourtant, ce sont 70 % des maladies dégénératives chroniques qui sont liées à l'alimentation et qui pourraient donc être prévenues[114]. En médecine, il existe d'ailleurs un terme pour décrire le rejet d'un traitement efficace pour des raisons absurdes : le *Tomato Effect*. Jusqu'au XIXe siècle, les Américains refusaient de manger des tomates parce qu'on croyait qu'elles étaient toxiques. Tout le monde *savait* qu'elles étaient toxiques et personne ne remettait cette croyance en question, jusqu'à ce que quelqu'un en mange et survive. De même, de nombreux traitements ont été rejetés par le corps médical parce qu'on était convaincu qu'ils ne fonctionnaient pas. On peut donc penser que des médecins écartent l'idée que la consommation de produits laitiers puisse être la cause d'une maladie simplement parce que ça leur semble impossible[115].

Il faut aussi dire que ce ne sont pas les maraîchers qui financent la recherche. C'est, pour l'essentiel, l'industrie pharmaceutique. Pour le Dr Alain Vadeboncoeur, vice-président des Médecins québécois pour le régime public, le désengagement de l'État en la matière « laisse le champ libre au secteur privé dans des domaines aussi stratégiques que la recherche scientifique ou la formation continue des médecins[116] ». Il est tout à fait possible que vous en sachiez maintenant beaucoup plus que votre médecin sur le rôle du lait dans une alimentation équilibrée et sur ses effets sur la santé. Ce n'est pas qu'il soit de mauvaise volonté. C'est plutôt que personne ne lui a transmis l'information.

Cela dit, qui accepterait de sortir d'une clinique médicale avec un bébé en pleurs à cause de son otite sans autre prescription que d'arrêter le lait de vache « pour voir ce que ça fait » ? J'en connais plusieurs qui s'empresseraient d'aller voir un autre médecin, un qui saurait soigner « pour de vrai ».

Finalement, il ne faut pas oublier que même les mieux intentionnés des spécialistes de la santé sont souvent bien seuls devant les millions investis en publicité. À défaut d'avoir de l'information spécifique, il est facile, y compris pour un médecin, de croire que le lait est un aliment indispensable. D'ailleurs, c'est à peu près ce que dit le *Guide alimentaire canadien*. Or, ce guide n'est-il pas la référence ultime en matière de nutrition ? Malheureusement, comme on va le voir dans le prochain chapitre, il y a de bonnes raisons de douter de ses fondements scientifiques.

4

ON PEUT FAIRE CONFIANCE
AUX SPÉCIALISTES

Le Guide alimentaire canadien *et les producteurs laitiers s'appuient sur de nombreuses études pour recommander de consommer des produits laitiers quotidiennement. Mais ces études n'ont rien à voir avec celles qui lient les produits laitiers à des problèmes de santé. Comment se fait-il que les résultats de recherche soient si contradictoires? Question d'influence et de partialité: lorsque l'industrie finance des études, celles-ci ont tendance à lui être favorables.*

Je ne suis pas la seule à chasser les fausses croyances. Les Producteurs laitiers du Canada font la même chose. Ils ont mis en place un site complet qui communique les données scientifiques les plus récentes « sur les effets potentiels des produits laitiers sur la santé et la prévention des maladies[117] ». Toutes les critiques y passent et sont démolies à coups de références et de phrases du type: « Les données scientifiques sont insuffisantes pour établir un lien de cause à effet », ou : « Plus de recherches sont nécessaires. »

Les Dairy Farmers américains, quant à eux, sont plus directs. Ils nous expliquent que des perceptions erronées surgissent alors même que le rôle bénéfique des produits laitiers est prouvé. Ils mettent aussi leurs lecteurs en garde contre les effets pernicieux d'Internet : « L'environnement multimédia actuel augmente les risques de désinformation et permet à des idées fausses de se propager. [...] Internet peut contribuer à embrouiller les consommateurs et à les induire en erreur au sujet des aliments, parce que les sites qui se fondent sur la science coexistent avec ceux qui contiennent des informations douteuses ou inexactes de sources non crédibles[118]. »

Il existe effectivement bon nombre de sites qui racontent un peu n'importe quoi. Mais on aurait du mal à classer les publications de chercheurs de Harvard dans *The Lancet* dans la catégorie des sources non crédibles. Comment se fait-il que les études scientifiques des producteurs n'arrivent jamais aux mêmes conclusions que celles de chercheurs indépendants ? Pourquoi n'y a-t-il pas de travaux contradictoires sur des dossiers à l'impact économique moins important, comme l'effet du brocoli sur la santé ? Est-ce que les résultats de certaines études et les politiques mises en place peuvent être influencés par la puissance de l'industrie laitière ?

LES RÉVISIONS DU *GUIDE ALIMENTAIRE*

Au Canada, la référence absolue en nutrition, c'est le *Guide alimentaire* publié par Santé Canada. On a tous en tête les quatre groupes d'aliments qu'on trouvait dans nos manuels scolaires. C'est toujours à eux que se réfèrent aujourd'hui médecins et nutritionnistes.

En 2007, le *Guide alimentaire canadien* a été révisé pour la septième fois depuis sa création en 1942.

Malgré quelques ajustements, la structure du guide est toujours sensiblement la même, avec ses quatre groupes : produits laitiers, viandes, céréales et fruits et légumes. Or, bien qu'on ne mène manifestement pas la même vie que nos grands-parents et que la science nous ait beaucoup appris sur la nutrition depuis les années 1940, les recommandations sur la consommation de lait ont peu évolué. Le principal changement concerne les quantités. Alors qu'en 1949, on préconisait « un demiard de lait par jour » aux adultes (soit 284 ml), les recommandations sont passées à une tasse et demie (375 ml) en 1961, et sont fixées à deux portions de 250 ml depuis 1977, année où le groupe est devenu « lait et produits laitiers ». On parle aujourd'hui de « lait et substituts », et l'illustration d'un carton de boisson de soya a récemment fait son apparition. Mais l'impression demeure qu'il s'agit d'un substitut au lait, d'un plan B.

Il était sans doute plus simple pour les gouvernements de conseiller aux citoyens de manger ceci ou cela pendant la guerre, alors qu'une grande partie de la population souffrait de carences. De nos jours, la tendance s'est renversée et le guide doit maintenant dire de consommer moins de tel ou tel aliment... sans froisser personne. On parle d'enjeux importants. Imaginez les conséquences économiques d'une révision du guide où les produits laitiers disparaîtraient pour se joindre à la viande, aux noix et aux légumineuses dans un nouveau groupe appelé protéines !

L'INDUSTRIE CONSULTÉE

Pour une tâche aussi importante que la révision du guide, on s'attend légitimement à ce que le gouvernement s'entoure d'une équipe impartiale : des médecins, des chercheurs et des nutritionnistes qui prendront en compte les liens entre l'alimentation, la santé et les maladies en examinant les études les plus récentes. C'est effectivement le cas, mais les autorités engagent aussi dans le processus un comité consultatif d'experts. Il s'agit de douze personnes[119] choisies « en fonction des divers points de vue qu'elles représentaient au niveau de la santé publique, des politiques en matière de santé, de l'éducation en nutrition, de la prévention des maladies, de l'industrie ou des communications. Ce groupe représentait l'ensemble des points de vue à l'échelon national, provincial et local[120] ».

Je pensais bien sûr qu'il y aurait, parmi les membres du comité, certains liens avec l'industrie laitière. Mais je ne m'attendais pas à trouver des gens qui travaillent *pour* l'industrie à ce point. Le comité est dirigé par Paul Paquin, présentement professeur titulaire au Département de sciences des aliments et de nutrition, et chercheur à l'Institut des nutraceutiques et des aliments fonctionnels de l'Université Laval[121]. Paul Paquin est aussi président de la Fédération internationale du lait pour le Canada, ainsi que membre du Expert Scientific Advisory Committee for the Nutrition Section des Dairy Farmers of Canada et du conseil d'administration de l'Institut canadien des politiques agroalimentaires[122]. En 1985, il a fondé le Centre de recherche en sciences et technologie du lait (STELA) de l'Université Laval. STELA a reçu 63 millions de dollars de financement au cours des vingt-cinq dernières années, dont une majorité provient du secteur privé[123] : Producteurs laitiers du Canada, Agropur, Parmalat, Saputo, Kraft, Yoplait, etc.

Sur quoi travaille le Dr Paul Paquin ces temps-ci ? L'« identification des croyances saillantes chez les adultes pour cibler des messages visant la promotion de la consommation de lait et produits laitiers[124] ». Un projet pour lequel il a reçu, avec son équipe, une subvention de 150 000 dollars sur deux ans des Producteurs laitiers du Canada.

Sans surestimer l'influence de chercheurs comme le Dr Paquin dans l'élaboration du *Guide alimentaire*, on peut quand même constater que les intérêts de l'industrie laitière sont très bien défendus, tandis que ceux d'autres groupes comme les maraîchers ou les producteurs de légumineuses ne sont pas entendus. La diversité des points de vue ne semble pas être objectivement représentée.

Une assiette indépendante

Aux États-Unis, c'est le United States Department of Agriculture (USDA) qui est responsable de l'élaboration du guide alimentaire. Ses recommandations sont régulièrement remises en question. L'École de santé publique de l'Université Harvard ne manque pas de critiques à leur sujet : « Elles se fondent sur des preuves scientifiques chancelantes et n'ont pratiquement pas changé au cours des années pour refléter les principales avancées dans notre compréhension du lien entre le régime alimentaire et la santé. [L'assiette proposée] ne donne pas aux gens les conseils nutritionnels dont ils ont besoin pour choisir le régime le plus sain[125]. »

Pour l'École de santé publique de Harvard, les recommandations du USDA contiennent plusieurs lacunes, une critique qui pourrait aussi être faite au *Guide alimentaire canadien*. Par exemple, les guides officiels ne montrent pas que les grains entiers sont un meilleur choix que les grains raffinés, ou que les fèves, les noix, le poisson ou le poulet sont préférables aux viandes rouges. Les tableaux n'indiquent pas non plus les bons gras. La présence du lait pose aussi problème aux yeux de l'équipe de Harvard : « Les produits laitiers tiennent une place centrale [...] malgré les preuves qu'un apport important en produits laitiers ne réduit pas le risque d'ostéoporose et peut augmenter le risque de maladies chroniques. » Mais pour l'équipe

de scientifiques, le défaut majeur de ces recommandations nutritionnelles est qu'elles passent sous silence
une grande partie de ce qui constitue le régime des
Américains : boissons sucrées, friandises, aliments
transformés salés, grains raffinés, etc. Dans le *Guide
alimentaire canadien*, ces denrées se trouvent dans
les « autres aliments » qu'on doit consommer avec
modération.

Devant les lacunes des recommandations gouvernementales, les chercheurs de l'école ont décidé d'élaborer leur propre pyramide pour une alimentation
saine (devenue par la suite une assiette). À la base, de
l'exercice quotidien. Ensuite, des fruits et légumes, des
grains entiers et de bons gras. On accorde aussi une
grande place aux légumineuses. Et les produits laitiers,
alors ? On en suggère une à deux portions par jour…
OU des compléments de vitamine D et de calcium.

Une assiette santé

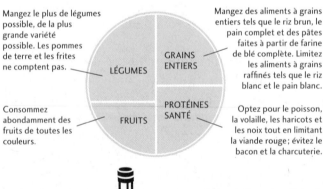

Mangez le plus de légumes possible, de la plus grande variété possible. Les pommes de terre et les frites ne comptent pas.

Mangez des aliments à grains entiers tels que le riz brun, le pain complet et des pâtes faites à partir de farine de blé complète. Limitez les aliments à grains raffinés tels que le riz blanc et le pain blanc.

LÉGUMES

GRAINS ENTIERS

FRUITS

PROTÉINES SANTÉ

Consommez abondamment des fruits de toutes les couleurs.

Optez pour le poisson, la volaille, les haricots et les noix tout en limitant la viande rouge ; évitez le bacon et la charcuterie.

Pour la cuisson, dans les salades et à table, utilisez des huiles santé telles que l'huile d'olive et l'huile de canola. Limitez l'utilisation du beurre tout en évitant les gras trans.

Buvez de l'eau, du café ou du thé (avec peu de sucre ou sans sucre). Limitez les quantités de lait et de produits laitiers (de 1 à 2 portions par jour) et de jus (un petit verre de jus par jour). Évitez les boissons sucrées.

Source : adapté du « Healthy Eating Plate », Harvard School of Public Health, The Nutrition Source.

Les chercheurs sont-ils indépendants ?

Toutes les recommandations sur ce qu'il faut consommer et en quelles quantités s'appuient sur des recherches scientifiques, tant pour le *Guide alimentaire canadien* que pour les campagnes d'information des producteurs. Mais d'où viennent ces études et qui les subventionne ?

Il est facile de trouver des données sur la consommation de lait : les Producteurs laitiers du Canada ont mis en place un site (savoirlaitier.ca) qui se veut la « source d'information scientifique la plus complète et à jour sur les produits laitiers, la nutrition et la santé[126] ». Tout est expliqué : le rôle du lait dans le développement de certains cancers, dans l'obésité et l'ostéoporose, l'intolérance au lactose et même les « mythes et réalités » liés au lait. Les textes sont complets et les références, exhaustives.

Consulter ce site est une source naturelle de réconfort : on n'a pas à s'inquiéter, il est naturel de boire du lait et c'est bon pour la santé. Les doutes qu'on peut former sont immédiatement refoulés puisqu'il peut y avoir des études contradictoires. C'est d'ailleurs l'argument le plus souvent utilisé par l'industrie pour réfuter une position scientifique : « Très peu de recherches prouvent que… » ; « Il existe très peu de données probantes pour corroborer la théorie de… » Évidemment, ce n'est pas faux. Mais ce n'est pas suffisant pour rassurer.

Minimiser l'importance de données qui contredisent sa position est une stratégie qui a déjà été employée par certains groupes d'intérêt. Ainsi, dans les années 1960, lorsque le corps médical a commencé à comprendre la nocivité du tabagisme et à alerter le public, l'industrie du tabac s'est empressée de déclencher une campagne pour réfuter les nouvelles recherches. La tactique de la contre-attaque : insinuer que c'est plus compliqué, brouiller les cartes. Voici ce qu'on pouvait lire dans des recommandations de Hill and Knowlton, la société de relations publiques du cigarettier Philip Morris, en 1968 : « Le plus important type de reportage est celui qui jettera un doute sur la théorie de cause à effet entre le tabagisme et les maladies. Les manchettes hautement visuelles sont nécessaires et devraient énergiquement faire le point[127]. » L'industrie du tabac et l'industrie du lait sont évidemment bien différentes et je ne cherche pas à établir un parallèle entre les deux. Mais la stratégie adoptée demeure la même : semer le doute.

Le site nous apprend aussi que les producteurs laitiers appuient financièrement la recherche scientifique au Canada dans les domaines de la nutrition, de la science des aliments et de la santé. Ils sont d'ailleurs l'un des principaux commanditaires des congrès et rencontres de nutritionnistes, et ils offrent chaque année de nombreuses formations aux diététistes du pays. On nous garantit que les recherches financées sont menées de façon impartiale et non tendancieuse. Qu'elles sont sélectionnées par un comité d'experts, révisées par les pairs. Mais peut-on vraiment se fier aux études citées par les producteurs ? Est-ce que ceux-ci soutiendraient ou publieraient des études contraires à leurs intérêts ? Est-ce que les données « contradictoires » pourraient provenir de l'industrie ?

LA RECHERCHE FINANCÉE FAVORABLE AUX INTÉRÊTS DU COMMANDITAIRE

Malgré tous les codes d'éthique, les études financées par l'industrie ont tendance à lui être favorables. C'est ce que nous montre l'analyse des résultats de recherche dans le domaine pharmaceutique : le soutien des fabricants à la recherche oriente les conclusions[128]. La nutritionniste américaine Marion Nestle

a remarqué, par exemple, que les études indépendantes trouvent toujours un lien entre la consommation de boissons gazeuses et l'obésité. En revanche, la
recherche commanditée par l'industrie des boissons
gazeuses n'en découvre presque jamais[129]. Or, la filière
laitière tout entière est un bailleur de fonds important
en recherche – on n'a qu'à penser au financement reçu
par le centre fondé par Paul Paquin.

Si des chercheurs démontraient des partis pris, des
conséquences importantes en découleraient, en nutrition comme ailleurs : comme on l'a vu, les guides alimentaires et les recommandations des profession-
nels de la santé s'appuient sur des études scientifiques.
Celles-ci sont consultées par les médecins et les nutritionnistes. De plus, leurs conclusions sont amplement
relayées dans les médias, ce qui influence directement le comportement des gens : on consomme ce
qu'on nous dit de consommer ! Que faut-il en penser
exactement ?

Difficile à dire. Marion Nestle s'est aussi posé cette
question dans *Food Politics*, un essai passionnant sur
l'influence de l'industrie sur la nutrition et la santé.
Elle y constate à quel point il est compliqué de savoir
ce qui se passe dans les laboratoires : « Je n'ai trouvé
personne qui accepte de parler publiquement pour ce
livre. Quand j'ai annoncé à mes amis au gouvernement, dans les entreprises alimentaires et à des uni-
versitaires que j'écrivais un ouvrage sur l'influence de
l'industrie sur la nutrition et la santé, ils m'ont proposé
de me dire tout ce que je voulais savoir, mais sous le
couvert de l'anonymat[130]. »

Il n'est donc pas surprenant qu'à peu près personne
n'ait étudié en profondeur et de façon systématique
l'influence des commanditaires sur les conclusions
des études en nutrition. En 2007, une équipe de chercheurs américains a finalement comblé cette lacune.
Lenard I. Lesser, médecin à l'Hôpital de Boston pour

enfants, et ses collègues ont analysé les deux cent trois études sur les effets de trois boissons (les boissons gazeuses, les jus et le lait) publiées entre janvier 1999 et décembre 2003[131].

Le financement de ces études et leurs résultats ont été examinés et classifiés par un groupe indépendant de chercheurs. Il s'agissait d'évaluer le lien du commanditaire avec l'étude (intéressé, en conflit, sans relation ou inconnu) et la teneur des conclusions (favorables à la boisson, défavorables ou neutres). Qu'est-ce qu'on apprend? Que les articles scientifiques financés par les fabricants de boissons ont quatre à huit fois plus de chances de leur être favorables que les articles indépendants. De plus, aucune étude subventionnée par l'industrie n'avait de conclusions contraires à ses intérêts!

Les études en nutrition financées par l'industrie ont donc tendance à lui être favorables. Cela dit, ces résultats ne signifient pas pour autant que les chercheurs trafiquent les données. L'influence s'exerce de façon plus subtile. Lesser et son équipe expliquent le préjugé favorable aux intérêts du commanditaire par cinq facteurs:

1. les commanditaires peuvent ne financer que les études qui présenteront leurs produits sous un jour avantageux;

2. les chercheurs peuvent formuler leurs hypothèses, construire leurs études ou analyser les données de façon à être en accord avec les intérêts financiers des commanditaires;

3. on peut choisir de reporter ou d'empêcher la publication de résultats qui auraient des effets négatifs sur les produits des commanditaires;

4. les auteurs de revues scientifiques peuvent chercher à interpréter sélectivement la littérature qui n'est pas en accord avec les intérêts des commanditaires;

5. les revues scientifiques qui émergent des symposiums ou des colloques peuvent sur- ou sous-

représenter certains points de vue qui seraient en conflit avec les commanditaires lorsque les scientifiques dont les opinions divergent ne sont pas invités dans ces congrès.

Le professeur de nutrition Martijn B. Katan de la Vrije Universiteit, en Hollande, a commenté les travaux de l'équipe du Dr Lesser[132]. Katan croit que lorsque l'industrie est le commanditaire principal de la recherche sur ses propres produits, leurs effets « défavorables » ne seront pas étudiés. C'est alors le début d'une pente descendante. Par la suite, on ajuste les doses et les procédures de contrôle pour augmenter les chances que l'étude montre les bénéfices des produits ou que les effets négatifs sont insuffisants pour atteindre la pertinence statistique. Les chercheurs peuvent aussi choisir de ne pas publier des résultats moins favorables dans le communiqué de presse ou simplement de ne pas faire paraître l'étude. Katan rappelle d'ailleurs que certains contrats de recherche laissent au commanditaire un droit de veto sur la publication des conclusions.

LES YOGOURTS PROBIOTIQUES : « SANTÉ » ?

Selon Danone, le yogourt Activia « aide à améliorer le confort digestif » grâce à une culture bactérienne unique, la *BL Regularis*. En 2008, un cabinet d'avocats américain a intenté une action collective contre Danone. La poursuite prétendait que les allégations du fabricant voulant qu'il ait été prouvé que ses yogourts probiotiques Activia et DanActive « amélioraient le rythme intestinal » et « régulaient l'appareil digestif » étaient trompeuses et sans fondement.

Danone a opté pour un règlement à l'amiable et accepté de verser 35 millions de dollars aux consommateurs américains qui avaient acheté ses produits depuis leur lancement en 2006 et 2007. Elle a aussi consenti à changer sa publicité.

Au Canada, Danone a également réglé à l'amiable un recours collectif intenté en 2009 par une Montréalaise qui estimait que la compagnie avait tort d'affirmer que ses produits améliorent la digestion. À la suite de ce règlement, Danone a annoncé qu'elle apporterait « certains changements à ses communications[133] ».

Santé Canada et l'Agence canadienne d'inspection des aliments (ACIA) sont conjointement responsables de la politique fédérale sur l'étiquetage des denrées, régie par la Loi sur les aliments et drogues. Les fabricants n'ont pas à soumettre de preuves avant d'élaborer leurs étiquettes, mais doivent être en mesure d'en fournir si on l'exige. Ces preuves, Danone les détient : des dizaines d'études publiées par ses propres laboratoires, alors que les travaux indépendants sur le sujet sont toujours inexistants[134, 135].

LES DIRECTIVES DES PRODUCTEURS LAITIERS DU CANADA

En jetant un œil aux directives pour les demandes de subvention auprès des Producteurs laitiers du Canada (PLC)[136], on voit certaines clauses laissant croire que ceux-ci ont un droit de regard dans la publication des études qu'ils financent :

– un exemplaire des manuscrits ou résumés liés à l'étude subventionnée par les PLC doit leur être envoyé, pour révision et commentaires, avant toute divulgation des résultats ;

– chaque publication des conclusions de l'étude subventionnée par les PLC doit être accompagnée de la mention suivante : « Financée par une subvention des Producteurs laitiers du Canada », à moins d'instructions contraires des PLC ;

– le candidat doit aviser les PLC de toute communication de ses résultats de recherche lors de conférences, symposiums, événements médiatiques ou autres. Le candidat doit reconnaître la participation des PLC au financement de l'étude, à moins d'instructions contraires des PLC.

On constate également que les priorités en matière de recherche sont établies de telle sorte qu'elles peuvent servir à promouvoir les produits laitiers (et à rassurer les consommateurs) : préciser le rôle des produits laitiers sur la tension artérielle ; identifier tous les bienfaits des produits laitiers sur la santé osseuse et la prévention de l'ostéoporose et des fractures, y compris le rôle des protéines laitières ; faire comprendre que la population canadienne ne consomme pas suffisamment de produits laitiers, etc.

Les producteurs orientent la recherche vers les sujets qui servent leurs intérêts et se réservent également un droit de premier regard avant publication, tout en choisissant d'avoir ou non leur nom associé à certaines études.

Il n'y a pas de problème éthique dans le fait que l'industrie laitière fasse la promotion du lait. Mais on peut penser qu'il y en a un lorsqu'elle se faufile dans les institutions publiques chargées de la santé dans le seul but de maintenir ou d'augmenter ses revenus. Pendant ce temps, puisque la recherche indépendante se fait de plus en plus rare (qui va la financer ?)[137], il devient presque impossible de contre-vérifier les données publiées par l'industrie.

UNE ZONE GRISE

Tout ce que touche l'industrie n'est pas vilain, et le financement de la recherche par le secteur privé a permis d'importantes découvertes scientifiques. Mais on doit garder en tête que les chercheurs qui travaillent avec les producteurs laitiers subissent forcément certaines pressions. Bien que la plupart des universités aient des codes de conduite stricts en ce qui concerne les relations avec l'industrie et les conflits d'intérêts, quand vient le temps de trouver de l'argent pour garder un labo ouvert et soutenir financièrement des chercheurs, il peut être difficile de s'assurer d'une véritable indépendance. Il apparaît clair que la recherche en nutrition devrait être davantage subventionnée par le secteur public.

Le fond du problème, me semble-t-il, c'est que le lait se trouve dans une zone grise. Le lait, c'est plus que de l'eau et du sucre. Il contient effectivement des nutriments nécessaires à une bonne santé. Ceux qui le disent font bien leur travail. Le hic, c'est que ces nutriments sont aussi présents dans d'autres aliments. C'est à ce moment-là que l'influence de l'industrie entre en jeu, quand elle se base sur ces études pour affirmer qu'on a besoin de lait pour être en forme… et qu'il en faut dans les écoles !

5

ÇA PREND DU LAIT
DANS LES ÉCOLES

Le marketing auprès des enfants a toujours été au cœur de la stratégie des producteurs laitiers. Sous prétexte de faire de l'éducation à la nutrition, tout en affirmant que le lait est essentiel à la santé, on encourage les écoliers à en boire, souvent du lait chocolaté, qui passe pour une collation santé alors qu'il contient autant de sucre qu'une boisson gazeuse. Quand les enfants deviennent grands, leur intérêt pour le lait est maintenu à coups de pubs qui font appel à leurs sentiments.

Lorsque j'étais au primaire, chaque vendredi après-midi, c'était cours de nutrition. On s'évertuait à ne pas dépasser les lignes dans le grand cahier jaune d'activités. On apprenait aussi à reconnaître les quatre groupes d'aliments. Les principes étaient simples à retenir : les chips et la « liqueur » faisaient grossir ; le lait, la viande, les pâtes et les légumes faisaient grandir. Sur le cahier jaune figurait une petite vache ornée d'une feuille d'érable. Car ce cahier

d'introduction à la nutrition, il *nous avait été offert* par
« le lait ».

Le reste de la semaine, on passait de la théorie à la
pratique : chaque matin, on nous distribuait un berlingot de lait qu'on buvait à la paille (et il était interdit
de faire des bulles avec). Ensuite, on sortait en récré,
pleins d'énergie, prêts à tester nos os nouvellement
solidifiés. Cette énergie et ces os plus solides *nous
avaient été offerts* par « le lait ».

***

Les enfants ont toujours été au cœur de la stratégie marketing des producteurs laitiers. Ceux de ma
génération tout comme les plus jeunes se souviennent
des berlingots de carton, et leurs parents du lait tiède
qu'on leur servait dans des bouteilles de verre d'un
tiers de pinte.

La distribution de lait dans les écoles ne date pas
d'hier. Déjà, dans les années 1920, l'Association du
bien-être de l'enfance en offrait aux petits Montréalais
mal nourris. Une dizaine d'années plus tard, les « can-
tines scolaires » s'installaient dans les établissements.
Les enfants pouvaient y obtenir un « demiard » de lait
(284 ml) pour 3 cents[138].

Dans son article « Fattening Children or Fattening
Farmers? School Milk in Britain, 1921-1941 », l'historien anglais Peter Atkins explique comment les producteurs ont profité des programmes de lait à l'école
pour le présenter comme un aliment idéal incontour-
nable. En buvant du lait, tous les enfants auraient une
bonne croissance, ce serait une sorte de « police d'as-
surance » distribuée à grande échelle.

Au début des années 1930, la crise est aussi au
Québec. Toutes les familles n'ont pas les moyens d'offrir le luxe d'un verre de lait à leurs enfants. Les ventes
de lait déclinent. Inquiète, l'industrie va frapper aux

portes des écoles pour proposer son remède miracle à la malnutrition. En 1934, la Commission des écoles catholiques de Montréal (CECM) répond à la demande des producteurs en mettant sur pied un Service social catholique. On en confie la direction à une infirmière, Alice Lebel, jusqu'alors employée d'une des plus importantes laiteries montréalaises, J.-J. Joubert.

C'est Mme Lebel qui instaure la « pesée des écoliers ». Les enfants qui présentent un déficit pondéral vont avoir droit à leur demiard de lait gratuitement. Le programme semble fonctionner. La CECM annonce fièrement que les élèves qui ont bénéficié du lait gratuit ont gagné en moyenne 4,46 livres[139].

Les données rapportées par Peter Atkins sont plus nuancées. Il cite des études des années 1920 et 1930 qui montrent que la croissance de la consommation du lait à l'école se serait faite au détriment d'autres sources de protéines. Malgré tout, en Angleterre comme chez nous, des programmes de distribution de lait dans les établissements scolaires sont maintenus. Pour le National Milk and Dairy Council (la fédération des producteurs de lait de l'époque), la stratégie s'avère doublement gagnante : d'abord, stimuler les ventes, et ensuite, capturer et façonner toute une génération de consommateurs.

LA VOIE LACTÉE : DES BERLINGOTS AUX DISTRIBUTRICES

Le programme universel de « lait-école » tel que je l'ai connu est né sous le ministre Jean Garon, au milieu des années 1970. C'est le ministère de l'Agriculture qui le gérait avant de le transférer au ministère de l'Éducation dans les années 1990. Il a ensuite été aboli et fondu dans d'autres politiques. Aujourd'hui, le berlingot de lait a disparu de plusieurs établissements, pour n'être plus distribué que dans les milieux défavorisés dans le cadre des programmes « Agir autrement » et de « lait-école ». Si le ministère de l'Éducation dépense toujours 7,6 millions de dollars par année pour offrir des collations à 60 000 élèves du Québec, c'est désormais aux directions des écoles de choisir de quoi elles seront composées[140].

Les producteurs ont quand même imaginé un bon moyen de s'assurer une présence soutenue en milieu scolaire. Dans soixante-quinze écoles secondaires (sur un peu moins de cinq cents au Québec), on trouve des machines distributrices payées par la Fédération des producteurs de lait du Québec (FPLQ). Elles offrent du lait nature et du lait au chocolat à 80 % pour environ 2 dollars la portion. Ailleurs, la fédération a fait don aux cafétérias de réfrigérateurs contenant prioritairement des produits laitiers[141].

Les écoles primaires ne sont pas en reste. Le lait soutient différents programmes de sensibilisation, dont, depuis 2009, la *Tournée le Lait* dans le cadre du *Grand défi Pierre Lavoie*. Cette tournée des écoles vise à sensibiliser les élèves de six à douze ans à « l'importance d'être plus actif physiquement et d'adopter de

DES PRODUITS DESTINÉS AUX JEUNES

Tous les transformateurs laitiers ont des produits spécifiquement destinés aux jeunes : Minigo, Tubes et Yop pour Yoplait ; Crush, Coolision et Danino pour Danone ; Ficello pour Parmalat, etc. Mascottes, couleurs attrayantes, noms amusants : on ne manque pas de créativité quand vient le temps de séduire la nouvelle génération. Mais la publicité commerciale visant les enfants n'est-elle pas interdite au Québec ? Si. Sauf que la loi ne couvre pas les emballages.

saines habitudes alimentaires ». L'an dernier, 25 000 berlingots de lait au chocolat ont été distribués dans le cadre de cet événement[142]. Imaginez la réaction des parents si Coca-Cola commanditait le même genre d'activité « santé ». Pourtant, une portion de 350 ml de lait au chocolat Natrel contient 36 g de sucre, contre 39 g pour un coca-cola standard de 355 ml.

Du lait, du sucre et du sucre

La présence du lait dans les écoles nous semble normale ; on a grandi avec elle. Mais quand on y regarde de plus près, il faut se rendre à l'évidence : on n'est plus au début du siècle dernier, alors qu'il fallait engraisser les enfants avec ce qu'on avait sous la main. Or, bien que nos besoins et nos connaissances aient évolué, les pratiques des producteurs sont restées les mêmes. Comme on l'a vu dans le chapitre 2, le rôle du lait dans la santé osseuse est fortement critiqué ; en fait, il est presque impossible de trouver des sources neutres qui soutiennent qu'on en a besoin pour avoir de bons os. On sait, en revanche, que le lait est la première source de gras saturés chez les enfants[143], que l'intolérance au lactose touche plus d'un Canadien sur cinq[144] et que l'allergie au lait est une des plus fréquentes. Malgré tout ça, on continue d'en offrir aux enfants comme s'il s'agissait d'un aliment essentiel.

Pire : on promeut le lait au chocolat. Le virage santé entrepris en 2007 dans les écoles du Québec a éliminé les boissons gazeuses et les « faux jus ». Mais le lait au chocolat est resté. Pourtant, il est beaucoup trop sucré. Selon l'Organisation mondiale de la santé, les sucres libres (sucres ajoutés et jus de fruits) ne devraient pas constituer plus de 10 % des calories absorbées chaque jour. Pour un apport quotidien de deux mille calories, cela correspond à 50 g de sucre – et plusieurs nutritionnistes pensent que c'est encore trop. Or, un berlingot au chocolat en contient déjà 30 g[145].

Au ministère de l'Éducation, on recommande de ne servir que les laits aromatisés contenant moins de 30 g de sucre pour 250 ml. «Cette recommandation a été faite en considérant que le lait aromatisé a une bonne valeur nutritive (il contient du calcium, des protéines, des vitamines A et D)», indique Esther Chouinard, porte-parole du ministère[146,147]. Il faut vraiment croire aux propriétés quasi miraculeuses du lait pour accepter de consommer un aliment qui est une source aussi importante de sucre... alors qu'il y a de nombreuses sources non sucrées et plus saines de ces nutriments!

Certains résistent. Le chef-vedette britannique Jamie Oliver s'est lancé dans une croisade contre les laits aromatisés, un combat qui fait partie intégrante de sa *food revolution*[148]. Aux États-Unis, les cafétérias du Los Angeles Unified School District, le deuxième district scolaire le plus important du pays, n'offrent plus de lait aromatisé depuis l'automne 2011, emboîtant le pas à d'autres districts. Au Québec, on continue de présenter le lait au chocolat comme un moindre mal pour encourager les enfants à boire du lait et on l'associe même au sport.

Et le yogourt, alors? Pas vraiment mieux. Le magazine *Protégez-vous* a analysé les plus vendus au Québec. Tous les yogourts pour enfants contenaient entre 22 et 28 g de sucre par portion[149]. Un enfant qui en prendrait un en collation et un lait au chocolat avec son lunch dépasserait déjà la limite de sucres ajoutés recommandée par l'OMS.

Lorsqu'on y pense un peu, a-t-on vraiment besoin de consommer autant de sucre pour absorber des nutriments qu'on peut facilement trouver ailleurs? C'est d'obésité que souffrent majoritairement les jeunes, pas de carences en protéines! Alors qu'au

Québec, plus d'un enfant sur cinq accuse un excès de poids (7 % d'entre eux sont atteints d'obésité et 15 % d'embonpoint), on leur vend du lait sucré dans le but de les protéger de maladies hypothétiques[150].

L'ÉDUCATION NUTRITIONNELLE

Il ne suffit pas de faire boire du lait aux enfants pour stimuler la consommation. Les producteurs ont bien compris qu'il faut aussi faire appel à la raison des mamans. Les campagnes « nutritionnelles » ont commencé pendant la Deuxième Guerre. Alors, les ventes de lait sont encore en déclin. Le gouvernement a diminué les subventions, ce qui a eu pour effet de faire grimper les prix. Pendant ce temps, les boissons gazeuses gagnent en popularité. Du coup, les producteurs et les distributeurs sont aux prises avec des surplus importants[151].

Pour l'industrie, le problème est clair : ce n'est pas la surproduction, c'est la sous-consommation. Les Canadiens ne consomment pas les quantités minimales préconisées par le *Guide alimentaire*. À défaut de casser les prix, on cherche à stimuler la demande par la publicité. L'Association des distributeurs de lait crée un organisme de communication, la fondation « La santé par le lait », en 1948. Des annonces dans les journaux, à la radio et sur les panneaux apparaissent partout au Québec : « Buvez beaucoup de lait » ; « Quatre verres de lait par jour quoi qu'il arrive » ; « Le liquide qui rend solide » ; « Buvez une pinte du lever au coucher. » Bien que la finalité, vendre plus de lait, soit transparente, la fondation se défend d'avoir des visées purement mercantiles en disant faire « un travail en profondeur et inculquer de façon permanente de saines habitudes alimentaires à la population[152] ».

La fondation est aussi bien présente sur le terrain. Une nutritionniste se déplace dans les écoles, dans les parcs et dans les cercles de ménagères pour distribuer des livrets, des brochures et des films éducatifs. Plusieurs messages sont signés par des pédiatres et des médecins. Les « données scientifiques » sont amplement utilisées et les « spécialistes » confèrent ainsi la légitimité souhaitée à l'industrie.

Lors d'une conférence donnée devant l'Association des industriels laitiers dans les années 1950, la nutritionniste Marcelle Godbout vante d'ailleurs les mérites et la supériorité de la publicité éducative par rapport à la publicité commerciale : « À long terme, la publicité éducative est plus profitable pour les industriels laitiers parce qu'elle vise à modifier de façon permanente les habitudes alimentaires et ainsi favoriser une augmentation substantielle de la consommation de lait[153]. » Mme Godbout ne manque pas non plus de rappeler que « seuls les experts reconnus et diplômés sont en mesure d'effectuer le travail de vulgarisation scientifique lié à la publicité éducative[154] ».

Aujourd'hui encore, les Producteurs laitiers du Canada investissent plusieurs millions de dollars par année en recherche sur la nutrition, et ils ont établi des partenariats avec les principales universités canadiennes. Ils emploient une vingtaine de diététistes qui s'affairent à produire du matériel d'information adapté à chaque province et à chaque public. Chez les PLC, la nutrition relève purement et simplement du marketing : tous les prétextes sont bons pour vanter les mérites du lait, pour le montrer sous son meilleur jour.

Faire franchement rêver par la publicité

Ce n'est pas tout de proposer des arguments santé : nos choix alimentaires sont aussi une question d'émotion, et la Fédération des producteurs de lait du Québec l'a bien compris. Les campagnes promotionnelles produites depuis plus de trente ans ont joué un rôle indéniable dans notre attachement au lait. Tout est parti d'un constat au début des années 1980. Les boissons gazeuses sont alors de plus en plus populaires, tandis que les ventes de lait déclinent de nouveau. Les jeunes qui ont été de gros consommateurs de lait pendant leur enfance éprouvent de la gêne à en boire en public. Ça fait « bébé ». Il faut donc encourager la demande en modifiant l'image du produit, en passant d'un symbole d'autorité parentale à un instrument d'affirmation de soi, cool, désirable en société au même titre que le café, les sodas ou la bière[155].

C'est alors que Normand Brathwaite entre en scène. Encore peu connu à l'époque, le jeune comédien, dont le père est noir, s'est surtout fait remarquer à la Ligue nationale d'improvisation. En 1984, il est engagé pour promouvoir le lait, choix qui témoigne de changements sociologiques importants dans la société québécoise, de plus en plus métissée. Un pari risqué, mais un pari gagné : Normand Brathwaite devient vite une star et prouve que consommer du lait est une façon de s'affirmer, de se distinguer et d'être en santé. Autour de lui, dans chaque annonce publicitaire, de jeunes gens beaux et souriants disent qu'ils sont bons et qu'ils boivent ce qu'il y a de mieux : le lait. À l'avant de ma classe, en 3ᵉ année, était épinglée une affiche sur laquelle il posait en souriant à pleines dents, un verre de lait à la main. Elle était signée d'un slogan : « Le lait, franchement meilleur. »

Roch Voisine et la nostalgie

Mais le marché des écoliers ne suffit pas. Dans un article publié dans la revue d'histoire *Cap-aux-diamants*, la directrice du marketing de la Fédération des producteurs de lait du Québec, Nicole Dubé, explique comment, après les enfants, le groupe des plus de trente ans est devenu la cible de la filière :

«Notre stratégie a été divisée en deux: la tactique rationnelle et la tactique émotionnelle. La première présentait le lait comme une source importante de calcium et une arme de première force dans la lutte contre l'ostéoporose, alors que la seconde mettait en valeur les joyeuses retrouvailles des consommateurs avec le lait[156].»

Après quelques années de campagne autour de Normand Brathwaite, la consommation de lait chez les adultes demeure toujours insuffisante aux yeux de Nicole Dubé: elle stigmatise «ces adultes qui ne tarissent pas d'éloges envers le lait, mais qui en boivent peu ou pas du tout[157]». Il faut les mettre face à leurs contradictions! La fédération trouve en Roch Voisine la personne idéale pour s'adresser aux Québécois: «Dans son rôle de comédien pour le lait, Roch Voisine parlait aux hommes sans détour de leur comportement contradictoire et il savait toucher les femmes en leur rappelant notre désir de voir les personnes aimées faire les choix les meilleurs en vue de protéger leur santé.»

Vers la fin des années 1990, les producteurs mettent de côté les porte-parole populaires pour se tourner vers la nostalgie. Car la nostalgie est une émotion qui fait vendre. On se remémore de bons souvenirs avec du Gilbert Bécaud, du Joe Dassin ou du Dalida. Les images des annonces, dans lesquelles le blanc est la couleur primaire, sont léchées et construites avec soin: l'enfance, les premiers amours, les fringales nocturnes, un bébé au sein de sa mère. Cette campagne «blanche» séduit tout le Québec. Plus de 280 000 exemplaires du CD *L'Album blanc* (volumes I et II), regroupant les chansons des publicités, sont vendus. Une partie des profits est remise à la fondation OLO, qui offre lait, œufs et oranges aux femmes enceintes défavorisées[158].

Le monde a bien changé depuis les «demiards» à 3 cents. Pourtant, le discours reste le même. Ça prend du lait dans les écoles, parce que le lait est essentiel. On sait aujourd'hui que c'est faux. Nos connaissances en nutrition, celles qu'on a acquises ailleurs que dans le cahier jaune, ont permis de sortir les poutines et les pizzas de nos assiettes. Ces mêmes connaissances devraient aussi pousser les distributrices de lait au chocolat hors des cafétérias.

Maintenant qu'on sait que le lait n'est pas la meilleure source de calcium, il ne reste plus que l'appel à l'habitude, aux émotions et les images léchées pour nous convaincre de continuer d'en boire. Et pour justifier le traitement qu'on fait subir aux vaches laitières.

SI LES VACHES N'ÉTAIENT PAS HEUREUSES, ELLES NE PRODUIRAIENT PAS DE LAIT

Les vaches sont capables de souffrir, tant physiquement que psychologiquement. Or, ces animaux sociaux à l'intelligence complexe ne produisent pas de lait pour nous faire plaisir. Elles le font parce qu'on les force à le faire : on les insémine artificiellement avant de leur enlever leur veau à la naissance. Elles passent leur vie attachées dans des stalles et sans accès à l'extérieur puis sont vendues pour devenir du bœuf haché.

Une vidéo du rallye Amageza en Afrique du Sud est vite devenue très populaire sur YouTube. Filmée à partir de la caméra attachée au casque d'un coureur, Johan Gray, la séquence est d'une efficacité remarquable : on se sent littéralement à la place du pilote. On est avec Gray sur une route déserte, au milieu de l'épreuve d'endurance de quatorze jours, lorsqu'on aperçoit un jeune veau coincé dans un canal bétonné rempli d'eau. Gray fait demi-tour et s'arrête. Que va-t-il faire ? C'est à ce moment que l'ingéniosité du pilote impressionne : il accroche une sangle à sa moto et descend dans le canal. Il se retrouve alors dans l'eau jusqu'aux genoux. Il s'approche lentement de l'animal et le saisit délicatement.

Le défi est maintenant de remonter jusqu'à la route. Après quelques tentatives infructueuses, il y parvient. Mais Gray n'est pas au bout de ses peines. Que faire avec un veau au beau milieu de cet endroit isolé ? Il le dépose sur la selle de sa BMW, comme si c'était la chose la plus naturelle du monde, et roule lentement à la recherche du propriétaire. Bientôt, l'éleveur est retrouvé. Quelques mots sont échangés, l'éleveur explique que la mère du veau l'appelle sans relâche depuis plusieurs heures. Gray finit par déposer l'animal, qui s'en va rejoindre ses semblables.

QU'EST-CE QUE L'ÉTHIQUE ANIMALE ?

L'éthique animale est la branche de l'éthique qui s'intéresse à nos obligations envers les animaux. En général, tout part de l'existence d'une souffrance animale. Pour beaucoup de théoriciens, en effet, le critère pertinent de considération morale ne devrait pas être des qualités intellectuelles propres à l'homme ou encore le fait de vivre, mais plutôt la capacité de souffrir. Or, il ne fait aujourd'hui plus de doute que les vertébrés (mammifères, oiseaux, poissons) sont conscients et peuvent ressentir la douleur. Si les animaux sont des êtres sensibles, leur souffrance doit être prise en compte. Cela signifie aussi qu'on ne peut pas les considérer comme de simples choses ou de purs moyens au service de nos fins.

Sur YouTube, les commentaires sont dithyrambiques : un motocycliste qui a du cœur et du courage, un homme prêt à perdre une compétition pour aider un animal en détresse, un modèle à suivre ! Mais arrêtons-nous un instant. Johan Gray ne semble pas être végétalien. Il mange de la viande et du fromage. La vie qu'il a sauvée vaillamment, c'est celle d'un animal qui va fournir du lait pour ses céréales ou qu'il risque de manger pour le souper dans quelques mois. Pourquoi sommes-nous disposés à faire des sacrifices importants pour sauver un animal alors qu'on en exploite des milliers dans l'indifférence ? Peut-être parce qu'on ignore à quoi ressemble l'existence d'une vache. Peut-être aussi parce qu'il nous paraît plus facile d'agir pour un individu clairement identifié – un veau dans un canal – que pour une masse anonyme. Peut-être enfin parce que cela nous arrange de penser que c'est normal de manger et d'exploiter des animaux...

UNE VIE DE VACHE

Comme le ciel est bleu et l'herbe verte sur les cartons de lait ! Comment les vaches ne seraient-elles pas libres et joyeuses dans cet environnement bucolique ? Pourtant, si j'ai souvent vu des paysages québécois qui donnent envie de se rouler dans l'herbe, il n'y avait jamais de vaches pour y paître en liberté. Et pour cause : ce n'est pas là qu'elles vivent. Elles ne passent pas leurs journées à se prélasser dans les pâturages en broutant du trèfle. Il suffit de faire une balade dans la région de Warwick pour constater que, mis à part quelques génisses (de futures vaches laitières), pas de vaches dans les prés. Pas de prés non plus, mais des champs de soya à perte de vue. Où sont donc passées les vaches ? Elles sont entassées dans des étables.

Au Québec, 92 % des 382 000 vaches laitières logent dans des étables, attachées dans des stalles si étroites qu'elles ne peuvent pas se retourner. Le terme officiel est « stabulation entravée ». Il paraît que c'est normal, voire nécessaire. « La stabulation entravée permet de produire plus de lait en accordant plus de soins aux animaux – notamment en ce qui concerne l'alimentation et la reproduction », explique Robert Séguin, producteur de Sainte-Marthe[159]. Mal nécessaire ? En Ontario, la proportion des vaches vivant en stabulation entravée est beaucoup plus basse (71,9 %) et, dans le reste du Canada, la majorité d'entre elles sont libres. Ailleurs dans le monde, aux Pays-Bas par exemple, seules 10 % des vaches sont attachées[160].

En plus d'être attachées, elles ne vont pratiquement jamais dehors. Pour François Dumontier, porte-parole de la Fédération des producteurs de lait du Québec, « au-delà de l'aspect bucolique, ce n'est pas si clair que ça qu'il s'agit d'un avantage pour la vache de sortir[161] ». Pourtant, quand on leur donne le choix, les vaches préfèrent aller à l'extérieur lorsque le temps le permet. C'est ce qu'a mesuré une équipe de l'Université de Colombie-Britannique en 2010 en laissant à un groupe de 25 vaches la liberté de leurs déplacements. Elles ont passé 46 % de leur journée à l'intérieur, particulièrement par temps chaud. En revanche, elles préféraient être dehors la nuit. Pour une vache, le meilleur des mondes est une étable avec les portes ouvertes[162]. Or, le prix des terres agricoles est tel qu'on peut comprendre qu'il soit plus rentable de les cultiver que de garder ces superficies pour les pâturages.

Les vaches passent aussi leur existence en gestation. En fait, une vie de vache est, pour l'essentiel, une succession d'inséminations et de mises bas. Parce qu'on l'oublie trop souvent, elles ne donnent pas naturellement du lait à l'année. Comme les femmes, elles en produisent après la naissance de leur petit. Sauf que dès que les vaches ont mis bas, on les insémine à nouveau et elles retombent enceintes. En moyenne, elles sont en lactation pendant sept des neuf mois que dure leur grossesse, ce qui leur laisse bien peu de temps pour se reposer.

Les vaches ne sont pas « faites » pour produire ainsi. Elles ne donnent pas du lait parce qu'elles sont heureuses. Elles le font parce qu'on les contraint à le faire et parce qu'on les a sélectionnées génétiquement en fonction de leur capacité à en produire. Et ça marche : nos vaches produisent aujourd'hui deux fois plus de lait que dans les années 1960[163].

Machines de performance

La production laitière n'a rien d'artisanal. C'est plutôt un habile travail d'ingénierie pour améliorer les performances. Les données et l'analyse quantitative sont le nerf de la guerre. Une vache vaut des milliers de dollars et ne produira que pendant trois ou quatre ans : il est donc primordial d'obtenir la génétique optimale pour atteindre les meilleurs rendements[164].

Alors qu'une vache donne « naturellement » 7 kg de lait par jour, elle en produit 27 dans les conditions actuelles. Cette augmentation considérable de productivité entraîne une énorme demande physique. John Webster, professeur émérite à l'école de médecine vétérinaire de Bristol, au Royaume-Uni, et spécialiste des questions de bien-être animal, compare l'effort qu'une vache fournit quotidiennement à une course de six heures ou une étape du Tour de France[165]. C'est sans surprise que cette grande production de lait se fait au détriment du bien-être des vaches, comme l'explique le Dr Olivier Berreville, biologiste et conseiller scientifique pour l'organisme Canadians for the Ethical Treatment of Food Animals (CETFA) : « Les vaches développent fréquemment des troubles métaboliques et des infections,

telles que les mammites, des inflammations doulou-
reuses des pis. Le large volume de leur pis peut aussi
forcer les animaux à marcher avec les membres pos-
térieurs écartés, provoquant des boiteries[166].»

Produire autant de lait demande une importante
quantité d'énergie qu'une vache ne saurait trouver
dans un pré. Son régime naturellement herbivore est
donc remplacé par un mélange bien précis de fourrage et de céréales enrichis de vitamines et de minéraux. Pour maximiser l'apport énergétique, on offre
aux vaches une alimentation riche en grains et pauvre
en fibres, ce qui occasionne des problèmes digestifs.
L'acidose, un déséquilibre du pH du rumen, est une
des maladies les plus fréquentes et est malheureusement difficilement diagnostiquée. Elle provoque des
diarrhées et peut être fatale[167].

Finalement, toujours pour optimiser les performances, on procède à des mutilations. Les veaux
femelles sont régulièrement écornés (ou voient les
bourgeons de leurs cornes ablatis), sans analgésique.
La queue de la vache peut aussi être amputée, sans
qu'aucun antidouleur soit administré. Cette pratique
est d'ailleurs inutile : contrairement à une croyance
répandue, couper la queue ne contribue pas de façon
évidente à la propreté du pis et des pattes, et cela ne
réduit pas non plus le risque d'infection mammaire[168].
Il n'est pas rare également que des femelles naissent
avec une ou plusieurs mamelles supplémentaires :
celles-ci sont souvent coupées par les producteurs
afin d'accommoder les pis aux gobelets trayeurs des
machines à traire.

Pleurer comme un veau

La souffrance des vaches n'est pas que physique. Elle
est aussi – et surtout – émotive. Chaque année, la vache
met au monde un petit qu'on lui arrache systématiquement dès la naissance. Dans la nature, les veaux

STARBUCK, LE MÂLE ALPHA

Patrick Huard n'est pas le premier Starbuck. On a connu avant lui Hanoverhill Starbuck, un taureau né en Ontario le 26 avril 1979 et décédé à Saint-Hyacinthe dix-neuf ans plus tard. Moins célèbre que Patrick Huard, Starbuck est néanmoins le mâle le plus viril de l'histoire canadienne. Sa génétique exceptionnelle a fait de lui une vedette de l'insémination. Au total, plus de 685 000 doses de sa semence ont été vendues dans quarante-cinq pays pour des revenus de près de 25 millions de dollars[169]. C'est dire que toutes les vaches Holstein canadiennes ont possiblement Starbuck comme ancêtre…

tètent leur mère durant six à neuf mois, se sevrant progressivement ; les femelles restent en général avec leur mère pendant toute leur vie et les mâles, durant une année, après quoi ils quittent le troupeau. Dans les élevages modernes, le veau nouveau-né est immédiatement placé en isolation dans des huches ou des stalles individuelles, le privant de tout contact physique et de toute interaction sociale. La séparation est nécessaire : la vache doit produire du lait pour la trayeuse, pas pour son petit. Mais cette coupure engendre de part et d'autre un terrible sentiment d'angoisse. Pour le Dr Berreville, il s'agit d'une pratique terriblement traumatisante pour les animaux : « L'isolement peut occasionner chez les veaux du stress à la fois psychologique et physiologique et compromettre leur système immunitaire, ce qui peut entraîner des maladies et même la mort. La séparation provoque aussi une détresse importante pour les mères qui peuvent meugler plusieurs jours après qu'elle a eu lieu.» Le professeur John Webster décrit d'ailleurs la séparation des veaux de leur mère comme «l'événement causant potentiellement le plus de détresse dans la vie d'une vache laitière[170]». Il note également que «les vaches se soumettront à bien des situations inconfortables et risquées afin de nourrir et de protéger leur veau».

Holly Cheever, une vétérinaire américaine, en a fait l'expérience. Son témoignage[171] m'a bouleversée. La scène se déroule près de Syracuse, dans l'État de New York, au début des années 1980. À l'époque, de nombreuses vaches ont encore accès à l'extérieur, ce qui n'est plus le cas aujourd'hui. Une vache met bas, seule dans un champ. Comme d'habitude, son veau est amené à l'étable peu de temps après. La mère est en pleine forme et, entre les traites du matin et du soir, elle est en liberté dans un vaste pâturage. Mais le propriétaire est inquiet. Le pis de sa vache est vide, elle ne produit pratiquement pas de lait. Après plusieurs jours sans montée de lait, il fait appel au Dr Cheever qui examine l'animal et ne constate rien d'anormal. L'éleveur continue de chercher. Ce n'est qu'un peu plus tard qu'il trouve l'explication au problème en suivant sa vache au fond du pré. Elle va y rejoindre un autre veau. En fait, onze jours plus tôt, elle a donné naissance à des jumeaux et personne ne s'est rendu compte de la présence du second veau. Après quatre mises bas où ses petits lui ont été arrachés, c'est la première fois qu'elle peut enfin allaiter. Malgré les supplications du Dr Cheever, le veau qui vide les mamelles de sa mère lui est enlevé. La vache de Syracuse ne doit pas être distraite de sa vraie mission: donner du lait… aux humains.

Holly Cheever ne raconte pas ce qu'il est advenu du veau caché. Mais on peut facilement le deviner. Comme les autres, il a été nourri au biberon d'une préparation faite à base de lait en poudre. Si c'était une femelle, elle est devenue vache laitière à son tour. Si c'était un mâle, puisqu'il n'avait pas les caractéristiques génétiques nécessaires pour devenir un bœuf de boucherie, il a été vendu à l'encan pour quelques dollars. On l'aura ensuite engraissé une vingtaine de semaines avant de l'envoyer à l'abattoir pour en faire de la viande de veau.

Les vaches ne sont pas bêtes

La triste histoire de la vache qui voulait s'occuper de son veau nous rappelle que, malgré les préjugés qu'on peut entretenir à leur endroit, les bovins sont capables de raisonnements complexes. Cette vache a d'abord dû se souvenir de ses bébés précédents qu'elle n'avait plus jamais revus. Ensuite, elle a probablement forgé et exécuté une sorte de plan : si laisser ses petits à l'éleveur signifiait les perdre, alors elle devait les cacher. Finalement, plutôt que de dissimuler les deux veaux et d'éveiller ainsi la suspicion du fermier, elle l'a laissé en prendre un.

Le Dr Cheever pense-t-elle que la vache de Syracuse ait vraiment pu concevoir et mettre en œuvre tout cela ? Elle préfère ne pas s'avancer, mais elle n'en éprouve pas moins de l'empathie envers l'animal : « Je ne sais pas comment elle a su faire ça – une mère désespérée aurait caché les deux. Tout ce que je sais, c'est qu'il y a beaucoup plus de choses qui se passent derrière ces beaux yeux que ce que nous, humains, voulons bien croire. En tant que mère qui a pu allaiter ses quatre enfants et n'a pas eu à souffrir de la perte de mes bien-aimés, je ressens sa douleur[172]. »

Les vaches ne montrent pas seulement de l'affection à l'égard de leurs veaux. Elles ont aussi des structures sociales complexes et sont extrêmement attachées les unes aux autres. John Webster a documenté la façon dont elles créent de petits groupes d'amies à l'intérieur d'un troupeau. Le plus souvent, elles se réunissent à deux, trois ou quatre et passent le plus clair de leur temps à se faire la toilette et à se lécher mutuellement. Elles peuvent aussi détester d'autres vaches et nourrir des rancunes pendant des mois ou des années[173]. On ne sait pas si elles colportent des ragots les unes sur les autres ni si elles commentent les vêtements du fermier, mais sinon, elles ont tout de vraies *gangs* de filles. Elles développent aussi des liens avec les gens qui les entourent. Dans *The Secret Life of Cows*, Rosamund Young rapporte comment les vaches qui anticipent une naissance difficile ou qui sont inquiètes pour le bien-être d'autres vaches vont chercher l'assistance des humains[174].

Du plaisir à relever les défis

Donald Broom, de l'Université de Cambridge, étudie le comportement des vaches. Son équipe a créé un enclos spécial où l'on a installé un levier qui, si on l'actionne, permet d'accéder à un second enclos pourvu de toutes sortes d'aliments dont les vaches raffolent. Bref, si on pousse le levier, on atteint un petit paradis (bovin). Lorsque les vaches ont compris comment l'actionner, elles ont montré des signes incontestables de joie : « Leur rythme cardiaque avait augmenté, elles sautaient et couraient jusqu'à la nourriture. C'est comme si elles se disaient : "Eurêka ! J'ai trouvé la solution au problème[175]." »

Ces découvertes ne requièrent pas forcément un dispositif aussi compliqué. Un fermier irlandais a récemment pu constater à quel point les vaches sont malignes. Il trouvait étrange que, chaque nuit, la porte de l'étable s'ouvre et que ses animaux en profitent pour prendre la clé des champs. Pour en avoir le cœur net, il a déposé une caméra dans la bâtisse et l'a fait tourner toute la nuit. Le lendemain matin, le mystère était percé. Une vache, Daisy, avait appris à ouvrir les deux loquets de la porte avec sa langue pour laisser sortir ses congénères. L'histoire a fait l'objet d'un reportage télévisé où le journaliste ne se gêne pas pour qualifier Daisy de « Bovine Einstein[176] ».

Pour en finir

Peu importe leur sensibilité et leur intelligence, les vaches laitières, qui peuvent vivre jusqu'à vingt ans, sont généralement abattues après quatre ans, quand leur productivité commence à décroître. Leur chair deviendra du « bœuf » haché. Les burgers des grandes chaînes du Québec sont donc faits à partir de vaches laitières recyclées.

Au Québec, les 70 000 « vaches de réforme » (comme on appelle les vaches retraitées après quatre ans) qu'on produit par année étaient jusqu'à tout récemment envoyées au même abattoir, celui de Levinoff-Colbex, à Saint-Cyrille-de-Wendover, près de Drummondville. L'établissement, propriété de la Fédération des producteurs de bovins du Québec (FPBQ), a toutefois dû suspendre ses activités au printemps 2012. La raison : mauvaise santé financière. C'était le dernier grand abattoir spécialisé dans les vaches de réforme dans tout l'est du Canada. Pour Pierre-Paul Noreau, éditorialiste au *Soleil*, il n'est pas essentiel d'avoir au Québec ce type d'équipement : « Le marché québécois pour les animaux de réforme est tout simplement trop petit et la compétition extérieure, trop féroce, notamment en raison de la force du dollar canadien pour ce qui est du marché américain[177]. »

On a beaucoup parlé des enjeux économiques autour de la fermeture de Levinoff-Colbex, mais la décision a aussi un effet important sur les vaches en fin de vie. La suspension des activités de l'établissement oblige les animaux québécois à parcourir 700 kilomètres de plus. Les bêtes sont vendues lors d'encans où des intermédiaires en font l'acquisition pour ensuite les transporter à des abattoirs à Guelph, en Ontario, ou en Pennsylvanie[178].

Les encans : un purgatoire
qui ne mène pas au paradis

Avant de terminer leurs vies à l'abattoir, les vaches doivent traverser une étape cruciale : les enchères. Elles sont amenées dans l'un des six encans du Québec pour être vendues à des grossistes. Ces encans sont publics et j'ai visité celui de Saint-Isidore, en Beauce.

Un immense bâtiment ultramoderne, un hall accueillant avec des réceptionnistes affairées derrière une paroi de verre. « Une capacité de 2000 têtes », précise le site internet. Sans les traces de terre sur le sol et l'odeur persistante d'étable, on pourrait se croire dans une clinique médicale. À l'étage, une immense cafétéria. Un menu d'aréna : spaghettis, burgers, pogos. Une douzaine d'hommes dans la cinquantaine et la soixantaine se dépêchent de terminer leur assiette. C'est qu'on vient d'annoncer à l'interphone que les enchères vont commencer. Ils se lèvent sans rapporter leur plateau. Je les suis.

Tout le groupe entre dans une grande salle où des gradins de béton surplombent une sorte de scène de terre battue. Ils s'assoient. Je me place derrière eux. Derrière un grand mur percé d'une fenêtre se trouvent l'encanteur et son adjointe. À notre gauche, des portes de métal s'ouvrent. Un jeune homme à la coupe Longueuil bien assumée pousse une première vache d'un coup de fouet. Elle avance ; il la frappe pour qu'elle se retourne. Son poids – 1 200 livres – est affiché sur un écran. Je comprends que les enchères commencent à 0,60 dollar la livre et c'est à peu près tout ce que je saisis du flot de paroles ininterrompu de l'encanteur.

Je ne peux m'empêcher d'essayer de me rappeler le prix de vente du bœuf haché à l'épicerie : environ

4 dollars la livre. Les marges sont faibles. Chaque cent compte. Je vois des calculettes apparaître, des notes être prises, des mains se lever discrètement. Adjugé. Le jeune homme au fouet pousse la vache tout juste vendue par la sortie de droite au moment même où une autre vient prendre sa place. Et une autre. Et une autre. Et une autre. Entre chaque vache, le bruit des portes de métal me fait sursauter. Je suis incapable de les regarder, j'essaie de me concentrer sur celui qui les fait entrer et sortir. Celui dont la tâche est de les faire bouger, pour qu'on voie bien qu'elles sont grasses et en forme.

L'atmosphère est tendue. De grosses sommes d'argent sont échangées. Chaque vache se vend entre 700 et 1 000 dollars. Un animal trop faible qui ne survivra pas au transport est une perte sèche. Pour les intermédiaires qui vont vendre les vaches à l'abattoir, il faut aussi s'assurer qu'on aura un bon prix une fois là-bas.

Derrière moi, tout en haut des gradins, de grandes portes mènent à une passerelle qui permet de se promener au-dessus des vaches. À ma droite, elles sont quelques centaines à attendre leur tour pour être vendues. À ma gauche, celles qui viennent d'être achetées, entassées par dix dans de petits enclos. Certaines ont le pis tellement gros qu'on dirait qu'il va éclater. D'autres ont les articulations enflées. Je vois un groupe de vaches couchées au sol et dont la respiration est difficile. Un homme, la casquette vissée sur la tête, s'approche de moi : «Elles vont avoir de la misère à se rendre jusqu'à Guelph celles-là.» Je lui demande ce qu'on va faire. «On va en mettre moins dans le camion, pour leur donner une chance.» Il me décrit son métier avec passion : il achète des vaches de réforme aux producteurs laitiers, les charge dans son camion et les écoule ici. Les siennes viennent d'être vendues. Il a eu un bon prix. Il a le cœur léger, il a envie de jaser.

Je continue ma promenade. J'ouvre une nouvelle porte et me retrouve dans une autre salle d'enchères, identique à la première. Sauf qu'ici, ce sont des veaux de quelques jours qui sont vendus. Impossible de ne pas craquer devant ces bêtes qui ont du mal à tenir sur leurs pattes. Je m'assois. L'encanteur (le frère de l'autre, on m'a prévenue) me regarde et sourit : « Vous ne voulez pas un petit veau, madame ? » Je lui demande combien ça coûte. « Trente piastres. » Moins cher qu'un chat. L'image d'un veau en train de brouter dans ma cour me traverse l'esprit. Je le vois grossir, je vois aussi la tête que feraient mes voisins. Je fais signe que non. Le veau est adjugé. Il va aller chez un engraisseur et sera abattu dans une vingtaine de semaines.

Le Dr Berreville a assisté à de nombreuses ventes aux enchères ; ce que j'ai vu n'a rien d'exceptionnel : « L'environnement des encans n'est pas favorable au bien-être des animaux. Les vaches y arrivent émaciées,

LE RÔTI DE VEAU, SOUS-PRODUIT DE L'INDUSTRIE LAITIÈRE

Qu'arrive-t-il aux veaux mâles une fois qu'ils sont achetés à l'encan ? Au Québec, il existe deux façons principales de les engraisser : au « lait » ou au « grain ». Les veaux de grain sont nourris de maïs enrichi avant d'être abattus à l'âge de six mois. Les veaux de lait, quant à eux, sont confinés dans des logettes individuelles en bois et nourris de lait en poudre. On pense que leur chair est blanche à cause du lait qu'ils boivent, mais c'est plutôt parce qu'ils sont privés de fer. En Europe, l'élevage de veaux en logettes est interdit.

souffrant d'infections et de maladies causées par la surproduction de lait, et y sont souvent traitées brutalement. Elles sont en transit pendant en moyenne trois semaines entre la ferme et l'abattoir, allant d'encan en encan jusqu'à ce que les producteurs obtiennent ce qui est pour eux un bon prix. À cause de tout cela, il n'est pas rare que les animaux deviennent non ambulatoires [ne puissent plus tenir debout ou se déplacer sans aide]. Pourtant, même ceux qui souffrent gravement ne sont généralement pas euthanasiés. Les inspecteurs de CETFA et moi-même avons documenté, en photos et en vidéos, de nombreux cas où des animaux souffrants étaient traînés à l'arrière des bâtiments de l'encan et laissés là, sans soins, à agoniser. »

Il est relativement facile de visiter des étables et des encans, mais les portes des abattoirs restent toujours fermées aux visiteurs. Seuls ceux qui y travaillent peuvent voir, entendre et sentir la mort des animaux. Pour rédiger sa thèse de doctorat qui est devenue l'essai *Every Twelve Seconds: Industrialized Slaughter and the Politics of Sight*[179], le politologue américain Timothy Pachirat s'est fait embaucher comme travailleur d'abattoir. Pendant cinq mois, jour après jour, il a noté ses observations sur les rapports de pouvoir et sur les difficultés, pour les travailleurs, de tuer à longueur de journée. En lisant son témoignage, on comprend comment la torture et la souffrance ne sont pas accidentelles dans les abattoirs. Elles font partie de la routine : le volume des mises à mort est tel qu'il est tout simplement impossible de traiter les animaux décemment. Ces derniers, qui forment un flux continu (une mise à mort toutes les douze secondes, d'où le titre du livre), ne sont pas considérés comme des individus mais comme une matière première. Les bovins sont appelés « viande » alors qu'ils sont toujours en vie, ce qui contribue à faire oublier aux employés la portée de ce qu'ils sont en train de faire.

Il faut se rendre à l'évidence, il n'y a pas de distinction morale entre le lait et la viande. Ce sont les mêmes animaux qui sont traits puis vendus et abattus. Veaux, vaches, bœufs, tous passent tôt ou tard par l'encan et l'abattoir! Ou alors, si l'on veut vraiment faire une différence, le sort des vaches est sans doute moins enviable que celui des bœufs qui ont une vie beaucoup moins longue et un peu plus libre.

Disons les choses clairement : dans le système actuel, on gomme le fait que les vaches sont des êtres sensibles, capables d'émotions, des mammifères dotés d'un système nerveux semblable au nôtre. On les traite comme de pures machines à produire du lait. Simplement parce que ça nous arrange. Le juriste américain Gary L. Francione, qui prône l'abolition de toute exploitation animale, résume la situation à merveille : « Il y a probablement plus de souffrance dans un verre de lait ou un cornet de crème glacée que dans un steak[180]. »

Sommes-nous carnistes?

Nous mangeons des œufs, des animaux et buvons du lait sans y penser. C'est ce que nous avons toujours fait et cela nous semble normal. Cette pratique s'appuie sur un système de croyances implicites que la psychologue américaine Melanie Joy nomme le « carnisme ». Le carnisme, c'est l'idéologie (soit un ensemble structuré de valeurs et de croyances) selon laquelle il est moralement acceptable de consommer certains animaux. Cette idéologie s'oppose évidemment au véganisme.

Dans son essai *Why We Love Dogs, Eat Pigs, and Wear Cows: An Introduction to Carnism*[181], Joy explique comment, dans nos sociétés, manger de la viande, des œufs et des produits laitiers est considéré comme une évidence plutôt que comme une option.

SI JE CONSIDÈRE LA MASSE, JE N'AGIRAI JAMAIS

Pourquoi prendre le risque de s'arrêter sur le bord de la route, de descendre dans un canal, d'abîmer ses vêtements et de perdre de précieuses minutes lors d'une compétition contre la montre pour sauver un seul veau alors que des millions de vaches ont la vie que je viens d'évoquer et qu'on ne fait rien pour elles ?

Ce problème est le même que celui que le psychologue américain Paul Slovic aborde dans un article intitulé «If I Look at the Mass, I Will Never Act[182]». «Si je considère la masse, je n'agirai jamais» est une citation de mère Teresa. Dans son texte, Slovic essaie de comprendre notre inaction devant les grands nombres. Alors que nous sommes des personnes attentionnées qui n'hésiteraient pas à fournir un effort important pour sauver une victime devant elles, nous devenons indifférents à la misère de mêmes individus qui, dans un cadre plus large, ne sont plus qu'«un parmi tant d'autres». Slovic analyse ainsi les mécanismes fondamentaux qui font que nous ignorons les catastrophes humaines.

Je pense que les mêmes mécanismes expliquent que nous ne soyons en général que très peu touchés par les conditions d'élevage et d'abattage des animaux. Nous devons éprouver des émotions pour agir. Or, les statistiques sur le nombre de morts ou de victimes ne parviennent pas à communiquer la signification réelle des atrocités. On sait que c'est vrai, mais on ne ressent pas cette réalité. Ce ne sont que des chiffres, et les chiffres sont insuffisants pour susciter les réactions affectives qui motivent l'action.

Pourtant, il s'agit bel et bien d'un choix : se nourrir d'aliments d'origine animale n'est pas nécessaire à notre survie. Cela a pu être le cas pour nos ancêtres, mais aujourd'hui, un Canadien typique peut parfaitement vivre en santé – et avoir plein d'occasions de satisfaire ses papilles gustatives – en étant strictement végan. En effet, l'avis de l'American Dietetic Association et des Diététistes du Canada est clair : les régimes végétaliens, lorsqu'ils sont bien planifiés, sont sains, adéquats au point de vue nutritionnel et bénéfiques pour la prévention et le traitement de certaines maladies[183, 184]. Qu'on le veuille ou non, consommer de la viande ou du lait est donc une question de choix moral.

C'est là qu'opère l'idéologie carniste : elle suggère que le problème ne se pose même pas puisque manger de la viande ou boire du lait sont des comportements « normaux ». Comme dans le cas du sexisme ou du racisme, le carnisme repose sur l'idée que « c'est ainsi que sont les choses ». Dans plusieurs cultures, il est « normal » que les femmes soient inférieures aux hommes. Ailleurs, il est « normal » que certaines personnes soient traitées différemment parce qu'elles n'ont pas la même couleur de peau. De même, il est « normal » de consommer et d'exploiter certains animaux.

Dans tous ces cas, la « norme » dissimule en réalité une idéologie (sexiste, raciste, carniste) qui cherche à nous faire accepter des valeurs comme de simples faits. Pourtant, nous avons parfaitement le choix de combattre ces idéologies si nous croyons en certains principes, tels que le bien-être, la justice, l'autonomie ou la compassion. Je pense même qu'il s'agit d'un devoir moral*.

---

*   Mon livre précédent, *Je mange avec ma tête*, traite largement de ces enjeux et j'y renvoie le lecteur intéressé par les questions philosophiques

Comment se déculpabiliser

Même lorsqu'on connaît les bonnes raisons d'agir, même lorsqu'on se veut une personne juste et compatissante, il semble difficile de faire le saut et de changer son comportement à l'égard des bêtes – à commencer par son alimentation. Pourquoi ne sommes-nous pas plus moraux?

J'ai posé la question à Martin Gibert, chercheur postdoctoral en psychologie morale à l'Université McGill[185]. Il m'a expliqué comment on manque souvent de volonté et de rationalité. Par exemple, on a beau avoir de bonnes raisons d'arrêter de fumer, ce n'est pas toujours facile d'y arriver: dans ce cas, c'est plutôt un problème de volonté. Mais on a aussi tendance à détourner nos raisonnements pour qu'ils s'alignent sur nos intuitions. On trouve des justifications après coup, quand on a déjà, en réalité, pris nos décisions.

Il n'empêche que consommer des animaux demeure psychologiquement difficile. «Beaucoup de gens savent confusément que manger de la viande, ce n'est pas ce qu'ils devraient faire, explique le Dr Gibert. En même temps, ils aiment vraiment ça. Et puis, les normes sociales disent qu'il est correct de manger de la viande. Ça bouge doucement, mais socialement, c'est encore la norme. En psychologie morale, on appelle cela le "paradoxe de la viande". Ça veut dire qu'on doit gérer une forme particulière de dissonance cognitive: d'un côté, l'amour des animaux, le refus de la cruauté, le dégoût des abattoirs; de l'autre, le goût pour la viande. Une stratégie qu'on a développée pour atténuer le paradoxe, c'est

---

et morales. Ma conviction demeure inchangée: lutter contre le carnisme devrait être vu comme une tâche aussi importante que lutter contre le racisme ou le sexisme.

d'attribuer moins de conscience aux animaux qu'on mange. C'est une manière de se dire : "Ces animaux-là, ils ne sont pas vraiment conscients, ils ne souffrent pas vraiment[186]."»

Mais il y a d'autres stratégies. Martin Gibert en a identifié une qui s'applique très bien aux produits laitiers. L'idée, c'est qu'on utilise la possibilité d'un traitement correct – un monde possible sans souffrance – pour justifier qu'on ne change pas ses pratiques dans le monde réel. L'argument est boiteux mais suffisant pour l'imagination*.

D'ailleurs, il n'est pas faux que, en théorie, on pourrait avoir des produits d'origine animale sans souffrance. C'est une idée qui est considérée dans le livre *Zoopolis*, de Will Kymlicka et Sue Donaldson[187]. Les auteurs examinent une utopie végane où les animaux seraient en quelque sorte nos concitoyens et auraient des droits fondamentaux. Bref, une relation homme/animal sans maltraitance ni domination : un idéal du point de vue de la morale. Kymlicka et Donaldson soutiennent que, dans ce contexte, on ne pourrait pas manger d'animaux, mais que les œufs et le lait seraient éventuellement acceptables. Certes, cela s'avérerait très peu rentable : il faudrait par exemple se contenter des surplus de lait, quand le veau aurait fini de téter et qu'il n'en voudrait plus. Mais on peut effectivement imaginer du lait sans aucune souffrance.

Pour Martin Gibert, c'est précisément ce type de possibilités théoriques que l'esprit humain utilise pour atténuer certaines dissonances cognitives : « Quand on s'apprête à consommer du lait, même si on sait qu'il a été produit dans des conditions inacceptables, on peut se dire qu'il aurait pu être sans souffrance. C'est évidemment un très mauvais argument. Mais je crois

---

*   Plus techniquement, Martin Gibert suggère de nommer «biais du contre-factuel ascendant» ce type de raisonnement erroné.

que cette seule possibilité suffit à se déculpabiliser. Et je crois que ça fonctionne très bien avec les produits laitiers, car ils ne touchent pas directement à la chair, ils ne touchent pas directement à la mort. »

Pour résumer, nous sommes très habiles pour justifier notre consommation de lait en occultant la souffrance des vaches, en se laissant croire qu'elles sont heureuses de produire du lait. Et malheureusement, on ne peut pas simplement se fier à ses intuitions pour bien agir. Car on le sait, celles-ci peuvent très bien être sexistes, racistes ou carnistes.

Il faut donc aussi utiliser sa raison (une faculté distincte de l'intuition) pour répondre aux questions « Que devrais-je faire ? », « Que devrais-je manger ? » ou « Que devrais-je boire ? ». Or, d'un point de vue rationnel, si l'on pense que tous les êtres sensibles ne devraient pas être maltraités ou exploités, alors choisir une alimentation végétalienne – sans produits d'origine animale – apparaît comme l'attitude morale la plus cohérente. Dès l'instant où l'on a le choix (ce qui est le cas pour l'immense majorité d'entre nous), je ne vois pas comment faire souffrir les animaux pour notre simple plaisir pourrait être justifiable.

Certes, il est peut-être impossible d'être complètement végétalien. Comme il l'est sans doute de ne jamais mentir et d'être toujours une bonne personne. Chaque contexte est différent et chacun a ses propres contraintes. L'idée n'est pas de devenir pur et parfait, c'est plutôt de reconnaître que la meilleure chose à faire, dans la majorité des cas, est de ne pas exploiter les animaux et de tendre à respecter cette règle morale.

Peut-être n'arrivez-vous pas aux mêmes conclusions que moi. Vous pensez qu'on peut tout régler avec les lois qui protègent les animaux ou qu'on peut se rabattre sur du lait produit dans des fermes biologiques. Dans les deux prochains chapitres, on verra que, pour le moment, le gouvernement du Québec ne protège aucunement le bétail et que le lait bio, vendu au prix fort, n'est malheureusement pas du lait produit sans souffrance.

7

MALTRAITER LES
ANIMAUX EST ILLÉGAL

D'un point de vue légal, tout est en place pour nous donner l'impression que les vaches, comme les autres animaux de ferme, sont bien traitées. Malheureusement, cela demeure largement théorique. En réalité, les vaches laitières ne sont pas vraiment protégées et on laisse à l'industrie le soin de déterminer ce que doivent être les bonnes pratiques.

Au printemps 2012, le porte-parole de l'opposition en matière d'agriculture, le député péquiste André Simard, a fait les manchettes après une sortie contre l'abattage rituel. Selon les normes halal, que respectent en général les personnes de confession musulmane, l'animal doit être béni par un imam avant d'être mis à mort, la gorge tranchée, alors qu'il est toujours conscient. Pour André Simard, vétérinaire de formation, cette pratique « peut occasionner des souffrances inutiles à la bête[188] ». Ses propos lui ont valu de nombreuses critiques, plusieurs le traitant même de raciste. Il s'est empressé de corriger le tir : « Ce n'est pas un débat religieux. C'est un débat de normes. » Ce que souhaite André Simard, c'est que l'esprit de la loi soit respecté, c'est-à-dire que l'animal soit inconscient au moment de l'abattage.

On devrait tous se réjouir du fait qu'un élu cherche à éviter des souffrances inutiles aux animaux. Le problème, c'est qu'ils ne deviennent pas soudainement conscients et sensibles quinze minutes avant d'être tués. Pendant toute leur vie, ils sont traités comme des machines et ne sont pratiquement pas protégés par la loi. Si on est touché par leur souffrance, ce n'est pas aux normes d'abattage qu'il faut prioritairement s'attaquer, mais bien à l'ensemble de la législation encadrant la vie des animaux. Il est urgent d'agir : le Québec obtient année après année le prix de la pire province canadienne en matière de bien-être animal[189].

Une exception qui infirme la règle

Pourtant, il existe des lois. Ainsi, la Loi sur la protection sanitaire des animaux (L.R.Q. c. P-42) en vigueur au Québec est claire : les animaux doivent être bien traités. Le problème vient des exceptions enchâssées dans ce texte.

La loi se lit comme suit : « Le propriétaire ou le gardien d'un animal doit s'assurer que la sécurité et le bien-être de l'animal ne soient pas compromis. La sécurité ou le bien-être d'un animal est compromis lorsqu'il :

1. n'a pas accès à de l'eau potable ou à de la nourriture en quantité et en qualité compatibles avec ses impératifs biologiques ;

2. n'est pas gardé dans un lieu convenable, salubre, propre, adapté à ses impératifs biologiques et dont les installations ne sont pas susceptibles d'affecter sa sécurité ou son bien-être ou n'est pas convenablement transporté dans un véhicule approprié ;

3. ne reçoit pas les soins de santé requis par son état alors qu'il est blessé, malade ou souffrant ;
4. est soumis à des abus ou des mauvais traitements qui peuvent affecter sa santé[190].»

Autrement dit, lorsqu'on est propriétaire ou gardien d'un animal, on doit bien s'en occuper. Le texte a même été récemment modifié afin que tous les animaux domestiques – ce qui inclut techniquement les animaux de ferme – soient protégés. Jusqu'alors, cette section ne couvrait que les chiens et les chats. Alors, quelle est la faille ? C'est que dès qu'un animal est utilisé dans le cadre d'une activité agricole, il est exclu de toute protection. Toute activité d'agriculture, pourvu qu'elle soit pratiquée « selon les règles généralement reconnues » (c'est-à-dire les pratiques courantes de l'industrie), est exempte de la section de la loi concernant le bien-être. Cela revient à dire : « Vous avez des droits, mais ces droits s'arrêtent dès que vous mettez les pieds dans votre lieu de travail. »

Y a-t-il d'autres lois qui pourraient protéger les vaches laitières ? J'ai posé la question à Sophie Gaillard, directrice adjointe du Département de défense des animaux à la SPCA de Montréal. Elle est aussi diplômée de la Faculté de droit de McGill et étudiante au barreau. Je l'ai connue alors qu'elle œuvrait au sein du Student Animal Legal Defense Fund de McGill.

Sophie Gaillard explique que, en théorie, les animaux pourraient être protégés par le Code criminel canadien qui contient des dispositions traitant de la cruauté envers eux. Et dans le Code criminel, il n'y a pas d'exemption pour les activités agricoles. Mais en pratique, les choses sont plus compliquées : « Le problème, dit-elle, c'est que la formulation de l'article principal de cette section du Code, ainsi que la façon dont cet article a été interprété dans le passé par les tribunaux, rend l'application du Code criminel très ardue dans le contexte agricole. Le Code criminalise le fait de causer volontairement une douleur, souffrance ou blessure sans nécessité. Il faudrait donc être en mesure de prouver que la douleur, souffrance ou blessure infligée à la vache laitière est non nécessaire. Quoique vieille et donc possiblement désuète, la jurisprudence sur cette question semble indiquer que, lorsque la pratique en question fait partie des opérations standards de l'industrie agroalimentaire, elle n'est pas sans nécessité… Faut bien qu'on mange[191]! »

Le Code criminel et la jurisprudence créent donc une sorte d'exemption *de facto* pour les animaux utilisés en agriculture, comme le fait explicitement la loi provinciale. Tant que les traitements et les pratiques auxquels sont assujetties les vaches laitières sont « normaux » pour l'industrie, ils semblent permis. Mauvaise nouvelle pour nos vaches.

Les lois permettent aux producteurs de décider eux-mêmes ce qui est « correct » ou non en matière de bien-être. Seule la torture purement malicieuse et gratuite, sans aucune intention d'augmenter la productivité de l'animal, et qui serait condamnée par l'industrie elle-même, semble passible de sanctions. Il existe aussi des codes de pratiques nationaux établissant des normes de soin minimales pour les animaux d'élevage (celui pour les vaches laitières est actuellement en révision), mais à l'heure actuelle, le respect de ces codes se fait sur une base strictement volontaire.

On peut vivre n'importe comment… et mourir n'importe comment

Les vaches laitières ne sont donc protégées par aucune loi durant leur vie active. La fin de leur existence suit la même logique. Le transport et l'abattage sont effectivement encadrés par certaines lois fédérales et provinciales (auxquelles contreviendrait la mise à mort selon certains rites religieux), mais les règlements promulgués en vertu de cette législation souffrent de nombreuses failles.

Quelques dispositions ont le mérite d'être claires : les animaux d'espèces différentes, par exemple, doivent être séparés pendant le transport et les enclos où ils attendent d'être abattus doivent être équipés d'abreuvoirs (dès lors qu'ils y sont gardés plus qu'un certain nombre d'heures). En revanche, beaucoup d'articles font référence à des notions subjectives, difficiles à évaluer. Ainsi, le règlement fédéral sur l'inspection des viandes, qui s'applique aux abattoirs fédéraux, stipule que « les animaux pour alimentation humaine doivent être manutentionnés de façon à ne pas subir de souffrance inutile ». Mais qu'est-ce qui constitue une « souffrance inutile » ? Par ailleurs, l'organisme chargé de faire appliquer ces lois et règlements, l'Agence canadienne d'inspection des aliments (ACIA), est reconnu dans le dernier rapport de la World Society for the Protection of Animals[192] comme étant particulièrement laxiste quant au traitement des animaux. Bref, la loi a plein de lacunes et il n'y a personne pour veiller à son application.

On peut mieux faire

Nombreux sont ceux qui pensent qu'on n'a pas le choix. Que sans ces lois laxistes, les producteurs ne pourraient pas survivre. Ce à quoi Sophie Gaillard répond en donnant l'exemple de la Suisse, un pays où l'industrie laitière est largement développée : « Là-bas, la loi réglemente de manière détaillée les conditions de détention des vaches (éclairage, espace, sol, alimentation, etc.), elle interdit la coupe de la queue et exige que les vaches laitières détenues à l'attache bénéficient de sorties régulières hors de l'étable pendant au moins quatre-vingt-dix jours par année, sans passer plus de deux semaines sans sorties. »

Les vaches québécoises en sont bien loin. Pour Sophie Gaillard, il faudrait au minimum mettre en place des normes de soin encadrant le traitement des vaches lors de leur séjour à la ferme : « Le fait qu'aucune loi ne les protège durant cette période (qui correspond à la majeure partie de leur vie active) et que l'industrie soit complètement laissée à elle-même est scandaleux. Ferait-on confiance à l'industrie pétrolière pour déterminer ce qui constitue un niveau de pollution acceptable ? »

UN CODE DE BONNES INTENTIONS

Les Producteurs laitiers du Canada ont publié en 2009 un *Code de pratiques pour le soin et la manipulation des bovins laitiers*[193]. On y présente quelques grands principes : « concevoir les stalles de repos de manière à minimiser les blessures aux jarrets et aux genoux ainsi qu'à permettre aux vaches de se lever et de se coucher avec aisance » ou « assurer la propreté des vaches gardées dans des parcs à litière accumulée en enlevant les bouses de vache une fois par jour et en appliquant une abondante quantité de litière fraîche ». Quels sont donc les mécanismes de contrôle mis en place pour vérifier que les producteurs respectent le code ? Y a-t-il des mesures incitatives à cet effet ? Thérèse Beaulieu, la porte-parole des PLC, m'a répondu très honnêtement : « Nous avons fait plusieurs promotions du code dans les réunions des producteurs, via les magazines de l'industrie et les journaux agricoles, et nous avons aussi tenté de rejoindre les vétérinaires comme alliés. [...] Comme le code est basé sur la recherche scientifique, nous avons des données qui démontrent aux producteurs que certaines pratiques sont rentables pour eux – car les vaches vivent plus longtemps, le confort leur permet de rester allongées plus longtemps, ce qui facilite la digestion et la production de lait. L'attention à la santé de la vache est évidemment bonne pour la qualité du lait[194]. »

Mais respecter ce code demeure une démarche volontaire. C'est dire que chaque producteur traite ses vaches comme bon lui semble. Il est impossible de distinguer un carton de lait produit par des vaches dont le traitement suit le code de celui provenant de vaches malmenées. Les seules obligations auxquelles fait face l'industrie concernent la salubrité.

Une définition du bien-être élastique

Disons les choses franchement : le plus souvent, lorsqu'on améliore le confort des vaches, ce n'est pas tant pour réduire la souffrance que pour augmenter la productivité. Les fédérations défendent les droits des producteurs, pas ceux des animaux.

Un exemple tout simple montre que, pour l'industrie, la définition du bien-être animal est élastique. En octobre 2011, le trente-cinquième symposium annuel sur les bovins laitiers avait pour thème : *Saisir les opportunités pour faire un bon « coût »* ! Entre une présentation intitulée *Comment utiliser la génomique pour maximiser les profits des élevages laitiers* et une autre sur *La réduction des coûts de main-d'œuvre*, on pouvait assister à un discours sur *L'amélioration du bien-être des vaches pour accroître la profitabilité des fermes laitières*[195]. Dans son exposé, *Confortablement lait !*, Michel Lemire, producteur laitier à Saint-Zéphirin-de-Courval, a expliqué comment quelques mesures simples ont augmenté la productivité de sa ferme, la plaçant parmi les meilleures au Québec.

Michel Lemire a notamment ajouté des lumières fluorescentes, changé son système de ventilation et déplacé la barre d'attache pour laisser plus d'espace aux vaches, afin qu'elles puissent « se lever sans se frapper sur la barre, ce qui évite le développement d'une bosse sur le cou avec le temps[196] ». Une barre d'attache plus haute requiert cependant une chaîne un peu plus longue, comme l'a constaté le producteur : « Les vaches avaient la tête pendue dans les airs et ne pouvaient pas se reposer sur le côté. » On a donc rallongé les chaînes de 61 à 91 cm. Mais pas pour toutes les vaches. En effet, cette nouvelle « liberté » occasionnait des complications au moment de la traite : les plus nerveuses tentaient davantage de fuir et celles en chaleur se collaient au trayeur (!). Michel Lemire a donc réglé le problème en raccourcissant leurs chaînes « pour une certaine période de temps ».

Michel Lemire est sûrement un bon producteur, consciencieux et amoureux de ses bêtes ; il a présenté avec fierté les résultats de ses plus récents aménagements. Puisqu'on l'a invité à monter sur scène, c'est qu'il est exemplaire : c'est un modèle de bonnes pratiques. Mais si celles-ci sont suffisantes pour augmenter les profits, on est encore loin d'un traitement optimal pour le bien-être des vaches.

Les producteurs sont intelligents. Ils savent bien que leurs animaux auraient besoin de beaucoup plus que de nouveaux néons ou d'une chaîne rallongée. Quand j'ai demandé à l'un d'eux pourquoi il n'envoyait pas ses vaches à l'extérieur, il m'a répondu en haussant les épaules que sa productivité allait diminuer. « Nos marges sont tellement basses, je ne peux pas me permettre ça. » Tant que la loi n'encadrera pas les pratiques dans les fermes, les améliorations qu'on apportera aux conditions d'élevage ne viseront qu'un objectif : produire plus au plus faible coût possible.

Mais que se passe-t-il lorsque le consommateur paie plus cher, pour du lait, du fromage ou du yogourt bio, par exemple ? En fait, comme on le verra dans le prochain chapitre, il ne peut être assuré que les vaches auront été mieux traitées.

LE FROMAGE,
C'EST ÉCOLO

Les produits laitiers certifiés biologiques sont-ils meilleurs? Ils ne contiennent pas d'antibiotiques et les animaux sont nourris de grains cultivés sans pesticides. Il se peut aussi qu'ils proviennent d'exploitations locales à échelle plus humaine. En revanche, la différence entre le lait bio et le lait traditionnel est marginale en ce qui concerne le bien-être animal. Quant à l'impact environnemental, le fromage, comme la viande, est une source importante de CO_2 : il vaudrait mieux s'abstenir de produits d'origine animale un jour par semaine qu'être locavore à temps plein!

« J'ai vingt-six ans, je travaille à temps plein comme journaliste au *Soleil* et j'habite en ville avec trois colocs dans le quartier Saint-Jean-Baptiste, à Québec. Un contexte idéal pour négliger mon alimentation… et mon empreinte écologique. » Après avoir fait ce constat, Marc Allard se lance un défi. Trente jours pour mettre en pratique ses valeurs écolos et tenter de réduire son empreinte sur la planète.

Durant l'automne 2008, il publie quotidiennement son journal de bord, tout en invitant ses lecteurs à faire des commentaires et à l'encourager[197]. Il se fait cuire du brocoli au déjeuner et du chou au souper. Il n'achète rien de neuf et il mange bio.

Une de ses premières surprises vient justement du lait bio : il coûte le double du prix du lait « ordinaire ». Mais Marc Allard imagine qu'en payant plus cher, il achète du lait mieux produit. Un lecteur le détrompe : « La différence entre le bio et le conventionnel n'est pas si grande [...]. Je ne connais pas un producteur de lait de la province qui ne donne pas d'herbe à ses vaches et les fumiers ou lisiers retournent toujours aux champs comme engrais, peu importe la méthode[198]. » Comment est-ce possible ?

En bon journaliste, Marc Allard veut savoir de quoi il en retourne exactement. Il décide d'aller voir par lui-même comment sont faits les laits bio et ordinaire. Premier arrêt, la ferme Pérou à Baie-Saint-Paul, qui produit du lait conventionnel. Attachées dans des stalles, les vaches ne sortent jamais à l'extérieur, même l'été. Le propriétaire, Richard Bouchard, explique que c'est pour leur bien : « C'est pour ça que quand on a bâti ici, on leur a donné le plus de confort possible[199]. »

Marc Allard reprend la route et, trois heures plus tard, il arrive à la ferme bio Optimus, à Lotbinière. Il ressent une impression de déjà-vu. Quelle différence avec la ferme conventionnelle ? « Je m'attendais à voir un autre décor, peut-être un peu plus bucolique [...]. L'étable était presque pareille. Des vaches attachées dans des stalles, qui broutent, dorment, pissent, bousent et se font traire deux fois par jour, le matin et le soir. Des travées mécaniques pour le fumier, qui se retrouve dans des réservoirs hermétiques et est réutilisé comme engrais. Le même genre de trayeuses et d'équipement sanitaire. »

Le bio, c'est écolo (mais pas forcément mieux pour les animaux)

Bio et conventionnel, même combat ? Il existe quand même certaines différences. Mais elles résident essentiellement dans la culture des céréales qui nourrissent les animaux plutôt que dans le traitement des bêtes. Pour obtenir du lait bio, les grains, l'herbe et le foin qu'on donne aux vaches doivent être produits de façon biologique, c'est-à-dire sans pesticides ni engrais chimiques. L'utilisation de semences génétiquement modifiées (OGM) est également interdite. C'est effectivement une bonne chose pour l'environnement. Mais on est loin de la vache qui gambade dans les champs, suivie de près par son petit veau encore chancelant sur ses longues pattes en allumettes.

Génétiquement, les vaches biologiques sont les mêmes machines à produire du lait que les vaches conventionnelles. L'insémination artificielle est permise et les vaches sont là aussi en gestation alors qu'elles donnent du lait. Et surtout, on leur enlève également leur petit à la naissance. Tout comme dans la filière conventionnelle, les mâles sont vendus à l'encan pour devenir de la viande. Quant aux femelles, elles n'ont guère plus de chance si l'on en croit le Centre d'agriculture biologique du Canada : « Dans un grand nombre d'exploitations agricoles biologiques, il y a peu de différence en matière d'approche entre les méthodes servant à élever des veaux de lait et celles utilisées dans les exploitations non biologiques[200]. » Les mammites, ces inflammations du pis qui causent tant de souffrance aux vaches, sont à peu près aussi fréquentes dans la filière bio que dans la branche traditionnelle[201].

Autrement dit, pour ce qui est du bien-être des vaches, la différence est bien mince. Les règles de certification bio permettent aux vaches en lactation de bouger un peu : elles ont accès à des parcelles de pâturage l'été, alors que l'hiver elles doivent faire de l'exercice au moins deux fois par semaine[202]. Pour autant, à la fin de leur vie, les vaches de réforme bios prennent le même chemin que leurs cousines. Elles transitent par les mêmes encans, subissent les mêmes longs trajets en bétaillère pour mourir dans les mêmes abattoirs[203]. Et leur chair sera mélangée avec celle des vaches conventionnelles dans les mêmes boulettes de steak haché.

LE BIO EN CHIFFRES

Manger bio a un prix. À l'épicerie, alors qu'un contenant de 2 litres de lait partiellement écrémé (2 %) se vend moins de 4 dollars, il faudra mettre 2 dollars de plus pour que ce lait soit certifié biologique.

LA PRODUCTION LAITIÈRE EST-ELLE DOMMAGEABLE POUR L'ENVIRONNEMENT ?

On a beaucoup entendu parler des « lundis sans viande[204] ». Au cours des dernières années, nombre de Québécois ont réduit leur consommation de viande pour des raisons environnementales. Depuis la publication en 2006 du rapport de l'ONU indiquant que 18 % des émissions de gaz à effet de serre sont liées à l'élevage[205], steak et Hummer sont devenus un peu synonymes. Certes, les habitudes sont longues à changer. Mais il est de plus en plus difficile d'être écolo et de défendre parallèlement son bifteck à tout prix. Sauf qu'on parle de lundi sans viande, pas de lundi sans fromage. Certains remplacent donc leur viande par d'autres protéines animales – comme le fromage – en pensant bien faire. Est-ce raisonnable? Quels sont les effets environnementaux de la production laitière?

Après la parution de mon premier livre, j'ai été invitée par un groupe d'étudiants à donner une conférence sur l'impact écologique de nos choix alimentaires. Ma présentation clôturait une journée d'étude sur l'environnement et était précédée par un cocktail. Je m'en réjouissais d'avance: il n'y a pas mieux qu'un petit verre de blanc avant de prendre la parole en public.

Toutefois, l'heure venue, quelle ne fut pas ma surprise: ce n'était pas un cocktail, mais plutôt un vins et fromages. En déposant mon manteau, j'ai croisé un organisateur et lui ai exprimé mon malaise…

— Du fromage dans une journée écolo, ça me semble curieux comme choix. D'autant plus que je parle dans dix minutes et que ce que je vais raconter risque de vous couper l'appétit.

— Ah, vous êtes végétalienne? On a aussi du raisin.

— Non, ce n'est pas ça, c'est qu'en matière d'émissions de CO_2, difficile de faire pire que le fromage…

— Il est bio, y'a pas de problème.

— Hum… J'espère que vous resterez pour ma présentation.

Les calculs sont complexes et les études coûtent cher, mais on a de plus en plus de données qui évaluent les émissions de CO_2 des différents aliments sur l'ensemble de leur cycle de vie: de la production jusqu'à la fourchette en passant par la transformation et le transport. En 2011, une équipe du Environmental Working Group a publié un rapport établissant, pour les diverses sources de protéines, quelles sont les émissions de gaz à effet de serre[206]. On a comparé la quantité de CO_2 émise pour chaque kilogramme d'aliment. Sans grande surprise, la « viande » se trouve sur le podium : agneau et bœuf reçoivent la médaille d'or et d'argent. Mais qui, en troisième position, devance le porc, le saumon, la dinde et le poulet ? Le fromage.

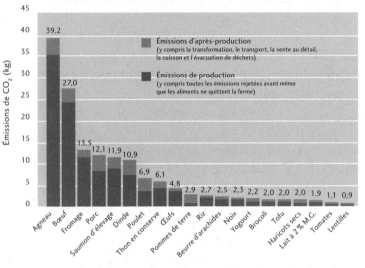

ÉMISSIONS TOTALES DE GAZ À EFFET DE SERRE PROVENANT DE PLUSIEURS PROTÉINES ET LÉGUMES

LE FROMAGE MONTRÉ DU DOIGT

La production de 1 kg de fromage est responsable de l'émission de 13,5 kg de CO_2. C'est autant que 80 kilomètres en auto[207]. Difficile de croire que la fabrication du fromage puisse être aussi polluante. Comment l'expliquer ? Tout d'abord, il faut prendre en compte la production des céréales qui servent à nourrir les vaches. Elle requiert des engrais chimiques, des pesticides et des machines, lesquels dépendent de combustibles fossiles et produisent des gaz à effet de serre. Il faut ensuite savoir qu'en digérant, les vaches émettent un gaz à effet de serre, le méthane. Puis vient la transformation du lait en fromage : en moyenne, 10 kg de lait sont nécessaires à la fabrication de 1 kg de fromage. Cette étape est aussi énergivore, même si cela varie d'un fromage à l'autre : les plus jeunes sont moins gourmands en électricité. De même, les plus mous et les moins denses, comme le cottage, auront une empreinte énergétique moins importante parce qu'ils nécessitent moins de lait et une cuisson moins longue. Évidemment, il faut aussi prendre en considération le transport. Les fromages importés qui nous sont expédiés par avion produiront en moyenne 46 % de plus de CO_2 que ceux d'ici. En revanche, l'expédition par bateau n'a presque pas d'impact sur l'empreinte énergétique[208].

Ces statistiques sont calculées à partir des données de fermes industrielles du Wisconsin, l'État américain qui est le champion de la fabrication de fromage. Mais que dire d'un petit producteur local qui laisse ses bêtes aller dehors ? Ça ne changerait malheureusement pas grand-chose. En effet, les vaches en pâturage émettent aussi du méthane et la production de fromage dans ce contexte demande autant d'énergie que pour la fabrication industrielle (sinon plus, puisque cette dernière permet des économies d'échelle). Qu'en est-il du fromage de chèvre ? C'est équivalent, répondent les chercheurs[209].

Et les autres produits laitiers ?

Le bilan carbone des autres produits laitiers est beaucoup moins important que celui du fromage. Ainsi, 1 kg de yogourt ne produit que 2,2 kg de CO_2 et 1 kg de lait, moins de 2 kg de CO_2, soit légèrement moins que 1 kg de brocoli. Par ailleurs, une étude publiée en 2010 a comparé la densité nutritionnelle de différentes

boissons et a mis ces chiffres en rapport avec les émissions de CO_2. C'est le lait qui avait le meilleur ratio,
suivi par le jus d'orange et le lait de soya (l'eau et les
boissons gazeuses n'ont évidemment presque aucune
empreinte, mais ils ne sont pas vraiment nutritifs!)[210].

Il n'en demeure pas moins que, lorsqu'on fait le
total (lait, beurre, crème, yogourt et fromage), le secteur laitier compterait pour environ 4 % de toutes les
émissions de gaz à effet de serre d'origine humaine,
selon la FAO[211]. Ce chiffre comprend les émissions
liées à la fabrication, à la transformation et au transport des produits laitiers et celles liées à la production
de viande d'animaux provenant de la filière laitière.
Avec encore plus de précision, une équipe de l'École
polytechnique de Montréal a évalué que, en 2006, l'industrie canadienne du lait avait émis l'équivalent de
9 247 632 tonnes de CO_2. C'est beaucoup plus que l'ensemble de l'industrie aérienne (6 200 000 tonnes) ou
que la production minière (8 000 000 tonnes)[212].

UN ÉCOLO DEVRAIT-IL ÊTRE LOCAVORE OU VÉGÉ?

Dans le cadre de son défi de trente jours, le journaliste Marc Allard s'est efforcé de manger local: il
ne consommait que des denrées produites à moins
de 160 kilomètres de chez lui. Il a même refusé des
pommes de terre venant du Lac-Saint-Jean! Son expérience s'inscrit dans une tendance née en Californie
au début des années 2000: être locavore, c'est-à-dire
ne se nourrir que de ce qui est produit localement
pour réduire les émissions de CO_2 liées au transport
des aliments et soutenir l'économie locale.

Un grand moment de l'expérience de Marc Allard
fut l'arrivée de son premier panier bio local. Que
contenait-il? Des légumes, mais aussi de la viande:
« Je ne sais pas encore ce que je vais ficher avec le

rutabaga, la courge musquée, le chou rouge et, mon dieu, le radis rose (des suggestions ?). Par contre, en bon carnivore, je rêve déjà des lanières et de la tête fromagée de porc et du steak de bison, tous bios, bien sûr[213]. » Mais en réalité, vaut-il mieux être végétalien ou locavore ?

Bien que la plupart des campagnes écolos mettent l'accent sur l'achat local, c'est en réduisant sa consommation de produits d'origine animale qu'on a l'impact le plus positif sur l'environnement. En fait, le transport ne compterait que pour 11 % des émissions de gaz à effet de serre liées à l'alimentation. Des études récentes montrent que, du point de vue de l'impact écologique, il est préférable d'être végétalien (c'est-à-dire ne manger ni viande, ni produits laitiers, ni œufs) ne serait-ce qu'un seul jour par semaine plutôt que d'être locavore sept jours sur sept[214]. S'il avait accepté de faire quelques sacrifices sur son envie de chair, Marc Allard aurait pu manger des fruits exotiques ou des noix au déjeuner tout en diminuant son empreinte écologique. Il aurait même pu se permettre plusieurs kilos de patates du Lac-Saint-Jean !

On aurait donc tort de penser que remplacer le bœuf ou la volaille par du fromage est un geste écolo. Ou de fêter notre conscience environnementale devant une assiette de fromages bios. Le problème, c'est que le fromage est partout. Et s'il est partout, c'est parce qu'il est produit par une industrie qui n'est pas tout à fait comme les autres.

9

C'EST UNE INDUSTRIE
COMME LES AUTRES

L'industrie laitière est une industrie à part. Parce que les Québécois y sont attachés, mais aussi parce qu'elle constitue un important lobby. Au fil du temps, celui-ci a mis en place des mécanismes pour s'assurer une stabilité économique. Elle échappe aux règles habituelles de l'offre et de la demande, ce qui ne l'empêche pas d'être un des plus gros annonceurs au pays.

Dans notre imaginaire qui met les gentils d'un côté et les méchants de l'autre, les agriculteurs et leurs valeurs traditionnelles sont du côté des bons. Comme le chantent Mes Aïeux, «ton arrière-arrière-grand-père, il a défriché la terre, [...] pis ton père, il l'a vendue pour devenir fonctionnaire ». Nous sommes attachés aux agriculteurs et ils ont toute notre confiance. C'est ce que montre un sondage réalisé en 2010 par Léger Marketing. À la question: « En quelles professions avez-vous le plus confiance? », les Québécois ont d'abord répondu les pompiers, puis les infirmiers, les facteurs, les médecins, les optométristes… et les fermiers. Avant les enseignants, les opticiens et les électriciens[215]! En plus de leur faire confiance, on peut facilement s'identifier à eux: il y a à peine cinquante ans, le Québec était encore une société foncièrement rurale imprégnée des valeurs de la terre. Chacun a un producteur agricole dans sa famille. L'agriculture demeure une fierté québécoise, une caractéristique importante de l'imaginaire social et culturel.

De toute la profession, ce sont sans doute les producteurs laitiers que nous admirons le plus. Ce sont eux, les « vrais » cultivateurs. Des fermes familiales de petite taille, des travailleurs vaillants, des enfants qui ne rechignent pas à donner un coup de main. Le lait, c'est un produit d'ici, qui véhicule des valeurs d'ici. Notre attachement au terroir fait de l'industrie laitière une industrie à part.

FERMES ET VACHES LAITIÈRES PAR PROVINCE CANADIENNE, 2012

Province	Fermes laitières	Vaches en lactation	Vaches par ferme
Québec	6 281	368 000	59
Ontario	4 137	322 900	78
Alberta	592	90 000	152
Colombie-Britannique	512	71 500	140
Manitoba	344	44 500	129
Nouvelle-Écosse	245	21 800	89
Nouveau-Brunswick	219	18 700	85
Île-du-Prince-Édouard	200	13 200	66
Saskatchewan	182	29 000	159
Terre-Neuve	34	5 700	168
Total	12 746	985 300	77

Mais au-delà de l'image du paysan avec ses bottes de *rubber*, l'industrie laitière cherche aussi à défendre ses intérêts et maximiser ses profits. Elle lutte pour maintenir ses revenus et fait la promotion de la consommation. Elle constitue même un des lobbys les plus puissants au pays et a réussi à faire du lait un produit unique, soustrait aux habituelles lois du marché.

Promouvoir la stabilité

Fondée en 1934, l'association des Producteurs laitiers du Canada a une mission claire : « Les PLC mettent tout en œuvre pour rassembler les conditions stables qui favorisent l'industrie laitière canadienne d'aujourd'hui et de demain. Les PLC travaillent à maintenir des politiques qui favorisent la viabilité des fermes laitières et à promouvoir les produits laitiers et leurs bienfaits pour la santé[216]. » Le mot clé, c'est stabilité. La filière laitière échappe aux règles habituelles du commerce. Les PLC ont réussi ce qu'aucun autre secteur privé n'avait fait avant eux : ils ont créé un marché fermé à la concurrence étrangère. La stabilité dont parlent les PLC, c'est donc celle qui assure un revenu régulier.

La gestion de l'offre

Pour y parvenir, les producteurs laitiers se sont dotés d'un mécanisme très particulier et assez unique dans le monde : la gestion de l'offre. L'idée consiste à ajuster la production et à effectuer une mise en marché collective afin de répondre à la demande intérieure sans passer par un libre marché.

Un des principaux arguments qui militent en faveur de ce mécanisme est de garantir un équilibre entre l'offre et la demande. Ainsi, avant l'instauration de ce programme dans les années 1970, le marché était libre : chacun produisait autant qu'il le voulait. Il y avait inévitablement surabondance et dégringolade des prix payés aux producteurs. La gestion de l'offre a rétabli un certain équilibre. Pas de surproduction, des prix stables. Le mécanisme a aussi été mis en place par les producteurs de volailles et d'œufs. Au total, 20 % des productions agricoles canadiennes sont faites sous gestion de l'offre[217].

Deux organismes pilotent le tout. Au fédéral, on s'occupe du lait qui sera transformé (60 % de la production) alors que les provinces gèrent le lait de consommation. Un système de quotas établit la production mensuelle attendue en fonction d'estimations de la demande du marché. Ces quotas sont en quelque sorte des droits de produire achetés par les producteurs. Pas de quota, pas de ferme laitière. C'est dire que l'industrie est protégée par une barrière à l'entrée. Je ne peux pas m'improviser productrice laitière, acquérir des vaches et commercialiser mon lait. Je dois d'abord acheter un quota d'un fermier prêt à me le vendre. Et je dois surtout trouver l'argent pour ce faire.

Et c'est là un des principaux problèmes du système. Le coût des quotas est élevé : environ 25 000 dollars par vache[218]. Se lancer en affaires, c'est s'endetter pour quelques dizaines d'années. En contrepartie, le quota garantit un revenu stable. Le prix payé aux producteurs est fixé par la Commission canadienne du lait qui l'établit de façon objective, en tenant compte des coûts de production (il correspond en moyenne à 50 % du prix acquitté par les consommateurs à l'épicerie[219]). Ensuite, chaque fermier vend son lait à un syndicat qui en assure la commercialisation et la distribution. Au Québec, ce rôle revient à la Fédération des producteurs de lait du Québec (FPLQ), affiliée à l'Union des producteurs agricoles (UPA).

De plus, des tarifs douaniers élevés sont pratiqués à l'importation de produits laitiers au pays. Ils vont de

202 % pour le lait écrémé à 298 % pour le beurre, les taxes appliquées au fromage, au yogourt, à la crème glacée et au lait non écrémé se situant dans cette même fourchette[220]. Les produits importés sont donc très chers, ce qui favorise nettement le marché intérieur.

La mondialisation et les accords internationaux signés par nos gouvernements font peur à nos producteurs, qui craignent que leur système de gestion de l'offre et leur marché protégé ne s'en trouvent menacés. Ils multiplient les interventions auprès des différents paliers de l'État pour qu'on les protège.

LA PRODUCTION LAITIÈRE AU QUÉBEC EN CHIFFRES

Il y a environ 6 300 fermes laitières au Québec ; c'est presque la moitié des fermes canadiennes[221]. En 2009, la production laitière a créé près de 25 000 emplois directs et la transformation, environ 8 500[222]. Si l'industrie laitière était une seule entreprise, elle compterait parmi les plus gros employeurs du Québec. (Le numéro un, le Mouvement Desjardins, totalise 39 000 employés et le numéro deux, Métro, 32 000[223].)

Des prix fixes

Un épicier est libre de fixer le prix des laitues, des céréales ou des tranches de jambon qu'il vend. Mais pas celui du lait. Au Québec, le prix du litre de lait en magasin est établi par la Régie des marchés agricoles et alimentaires, et ce, depuis 1935. La Régie fixe en fait un prix minimum et maximum pour le lait de consommation que les marchands doivent respecter. Vous ne verrez jamais de lait à 0,50 dollar le litre chez Costco.

On pourrait croire qu'une telle pratique favorise les consommateurs qui sont assurés de trouver du lait à bas prix, mais certains analystes ont des doutes. Pour Sylvain Charlebois, de l'Université de Guelph, ce prix est établi de manière unilatérale: «On prend en considération les coûts de production, les coûts de distribution et de détail du lait, mais on ne prend pas en considération la capacité de payer des consommateurs[224].» La loi avantagerait aussi certaines industries au détriment des acheteurs. En effet, le prix du lait est déterminé par la façon dont il sera utilisé. Les usines de préparation de pizzas congelées détiennent par exemple des permis spéciaux du gouvernement qui permettent d'obtenir du fromage à moindre coût que pour les pizzerias[225], une pratique dénoncée par les restaurateurs qui ont récemment lancé une campagne pour la déréglementation du prix du lait[226].

Une exception: les laits dits à «valeur ajoutée». On entend par là tout lait qui n'est pas dans un carton ou en sac. Cela explique largement l'intérêt des producteurs pour tous les laits aromatisés ou à conservation plus longue qui comptent aujourd'hui pour 45 % des ventes[227].

Produits protégés

En vertu du Règlement sur les aliments et drogues, l'appellation «lait» est protégée et désigne uniquement la «sécrétion lactée normale des glandes mammaires de la vache». La sécrétion lactée de tout animal autre que la vache doit être étiquetée de façon qu'il soit fait mention du nom dudit animal. Si on veut commercialiser le lait d'un autre mammifère, son nom doit être mentionné. Si on crée du lait à partir d'un végétal, il faut trouver une autre dénomination. On ne peut donc vendre du *lait* de soya. Il faut dire *boisson* de soya. En revanche, il semble qu'on puisse tout de même s'enduire le corps de lait de beauté et que le lait de coco n'ait pas à être rebaptisé !

L'ARGENT DU BEURRE

En 2010, les Québécois ont déboursé plus de 2 milliards de dollars en produits laitiers frais. C'est 15 % de leurs dépenses d'épicerie[228]. Alors que plusieurs industries souffrent de la crise économique, les producteurs laitiers peuvent se réjouir : leur marché est relativement stable. Ce qui ne signifie pas sans mutations : si on constate une baisse de la consommation de lait, elle est toutefois compensée par une augmentation des ventes de fromage et de yogourt.

Un marché de 2 milliards de dollars pour les produits laitiers, c'est évidemment beaucoup d'argent du beurre : c'est du même ordre de grandeur que le marché canadien de la télévision et du cinéma au grand complet. Dans ce contexte, influencer le consommateur revêt une importance cruciale. Comme l'indique le tableau ci-dessous, les dépenses publicitaires destinées aux produits laitiers représentent près de 30 % du total des sommes investies pour la promotion d'aliments et de boissons non alcoolisées au Canada[229]. L'industrie laitière canadienne investit annuellement plus de 1 milliard de dollars en publicité. C'est pratiquement la moitié de ce qui est dépensé par les compagnies de téléphonie cellulaire. La comparaison avec les autres aliments est encore plus frappante. La promotion des fruits et légumes ne compte que pour 6 % des dépenses publicitaires, tout comme celle des autres protéines animales.

Environ 15 % de ces dépenses sont directement effectuées par les associations de producteurs. Les 85 % restants le sont par les grands transformateurs pour leurs différentes marques : Agropur, Parmalat et Saputo. Notons enfin que le fromage est actuellement le produit pour lequel on investit le plus en publicité au Canada. Quarante-deux pour cent du budget publicitaire des producteurs laitiers y est consacré[230].

En raison de la gestion de l'offre, l'industrie laitière canadienne n'est donc vraiment pas une industrie comme les autres. Difficile de dire si c'est une bonne ou une mauvaise chose d'un point de vue économique. En revanche, cela a probablement des conséquences sur le bien-être animal. Car, pour un producteur laitier, le seul moyen d'accroître ses revenus est de diminuer ses coûts. Pas étonnant alors qu'il rechigne à allonger la chaîne qui attache les vaches à leur stalle. Pour un producteur laitier, l'équation est simple : s'il augmente ses dépenses, il perd des revenus. S'il envoie ses vaches dehors et que leur productivité diminue, il perd des revenus.

Enfin, si l'industrie laitière n'est pas une industrie comme les autres, c'est surtout parce que sa matière première n'est pas comme les autres. Les vaches sont peut-être des moyens de production, mais elles ne peuvent pas être que cela. Ce sont aussi des êtres vivants qui méritent un minimum de respect. Pourtant, l'industrie nous vend le lait comme s'il s'agissait d'une denrée banale, rien de bien différent d'un jus de fruit, une marchandise ordinaire. Les philosophes se demandent parfois quels genres d'objets devraient être exclus des marchés économiques. Après tout, la plupart des gens sont d'accord pour dire que le sang ou les organes humains ne devraient pas pouvoir être vendus ni achetés, car ce ne sont pas des marchandises. Je ne sais pas si le lait devrait se classer dans cette catégorie. Mais je sais que faire commerce à partir d'une exploitation massive d'êtres sensibles, conscients et non consentants, ne pourra jamais être une industrie comme les autres.

DÉPENSES PUBLICITAIRES CANADIENNES POUR LES PRODUITS LAITIERS (2011)

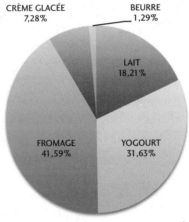

Source: Nielsen, 2011.

DÉPENSES PUBLICITAIRES CANADIENNES POUR LES ALIMENTS ET LES BOISSONS (EXCLUANT L'ALCOOL) (2011)

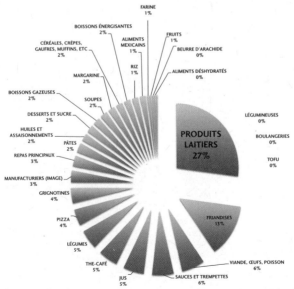

Source: Nielsen, 2011.

JE NE POURRAIS PAS
ME PASSER DE FROMAGE

Le fromage a tout pour être aimé. Nous avons des pré-dispositions innées qui font que le goût pour le gras est universel et nous sommes aussi naturellement attirés par les aliments aux saveurs riches et stimulantes. En plus, le fromage contiendrait différents composés de la famille de la morphine. Mais comme pour n'importe quelle dépendance, on peut apprendre à s'en passer.

Une copine vient tout juste de confier à Facebook son désespoir devant l'acné qui envahit son visage : « Ultimatum lancé à ma face : je commence très sérieusement à envisager Accutane. » Puisqu'on est sur Facebook, je lui réponds avec des liens. Et comme je suis un peu obsédée par la question, mes liens renvoient à des études sur la consommation de produits laitiers et les problèmes hormonaux… dont l'acné. Je lui suggère aussi de faire un test : arrêter d'en manger quelques semaines. Pour voir.

— Est-ce que ça vaut aussi pour le fromage ?

— Oui, évidemment.

— Même le fromage de chèvre ?

— Oui…

— Pas capable.

Comme la majorité d'entre nous, cette copine est convaincue qu'elle ne peut pas se passer de fromage.

Éliminer la viande, les œufs, le lait : pourquoi pas ? Mais le fromage : impossible. Quand bien même on a de très bonnes raisons (santé, écologie ou éthique animale), cette dernière étape semble la plus difficile à franchir. C'est aussi ce que je me disais il y a quelques années. Même si je suis aujourd'hui bien habituée à ne pas terminer mes bouteilles de vin avec du pain et un morceau de bleu coulant, j'ai encore de temps à autre des *cravings* de fromage. Comment l'expliquer ?

UNE TRÈS VIEILLE HABITUDE

On ne choisit pas vraiment ce qu'on mange et on ne choisit pas d'aimer le fromage. Certes, au restaurant ou à l'épicerie, on exprime nos préférences pour un type d'aliments ou un autre. Mais à la base, nous avons des prédispositions innées qui font en quelque sorte que nous choisissons avant de choisir. Le goût pour le gras et le sucre, par exemple, est universel.

Le psychologue Paul Rozin explique justement comment nos prédispositions biologiques ont évolué dans un environnement qui n'a rien à voir avec celui que l'on connaît aujourd'hui[231]. Pour nos ancêtres chasseurs-cueilleurs du pléistocène (entre 2,5 millions d'années et dix mille ans av. J.-C.), les aliments étaient rares et peu diversifiés. Ceux qu'on trouvait contenaient peu de gras et de sucre. On devait donc trimer dur pour avoir de la nourriture et l'espérance de vie était limitée. Devant une pièce de viande bien grasse ou un fruit sucré, il ne fallait pas hésiter : la survie en dépendait. L'évolution s'est donc chargée de

« sélectionner » les goûts adaptés à ce type d'environnement. Ainsi, notre goût est celui de nos ancêtres chasseurs-cueilleurs.

De nos jours, la situation est évidemment différente : il suffit de passer au dépanneur pour trouver du gras et du sucre. Pourtant, on a toujours à peu près les mêmes papilles gustatives et le même cerveau que nos ancêtres. On a toujours cet appétit insatiable pour les aliments gras ou sucrés, même si on n'en a plus vraiment besoin.

Le fromage, justement, c'est gras. Dans 100 g de cheddar, on trouve 30 g de lipides. En ce sens, pour les Occidentaux, il est « naturel » d'aimer le fromage qui plaît tant à leur palais. On peut aussi comprendre qu'on n'a pas cette même passion pour les légumes verts qui sont beaucoup plus abondants dans la nature. Pourtant, ce n'est pas parce qu'on préfère un aliment ou qu'on en a des envies que c'est ce qu'il y a de meilleur pour notre santé.

UNE QUESTION D'ODEUR

On aime la nourriture qui a bon goût, ça va de soi. Mais la saveur d'un aliment ne nous vient pas de ce que perçoivent nos papilles gustatives. Elle nous vient en inspirant. Elle nous vient de son odeur. Lorsqu'on mâche et qu'on avale, on envoie sans s'en rendre compte de petites bouffées odorantes dans le fond de notre bouche et dans nos voies nasales. L'odeur d'un aliment domine alors sur ce que perçoivent les papilles. Dans les faits, le goût est quelque chose de simple. On en distingue seulement cinq types : sucré, salé, sur, amer et umami. Tout le reste relève de l'odeur perçue par nos voies rétronasales.

Dans *Neurogastronomy: How the Brain Creates Flavor and Why It Matters*[232], le neurobiologiste Gordon M. Shepherd décrit le fonctionnement de notre sens olfactif. Il explique par exemple que, pour chaque saveur, notre cerveau construit des images complexes. Celles-ci s'associent à des émotions, lesquelles jouent un rôle important dans notre motivation à accomplir des actions. En particulier, ces émotions nous poussent à faire de multiples efforts pour obtenir certains aliments. (Il est d'ailleurs intéressant de savoir que le mot « émotion » vient du latin *motio*, qui signifie « action de mouvoir, mouvement ».)

Nous sommes naturellement attirés par les aliments aux saveurs riches – on sait que les régimes ennuyeux excitent les envies pour des denrées aux saveurs plus stimulantes[233]. Voilà pourquoi remplacer le fromage par du tofu nature ne va probablement pas satisfaire nos neurones. C'est, en somme, ce qui explique la sensation de manque lorsqu'on retire le fromage de notre alimentation.

DE LA MORPHINE DANS LE FROMAGE ?

De même que pour la caféine, la nicotine ou l'alcool, il est possible de développer une dépendance à certains aliments courants, comme le fromage. En effet, non seulement la saveur complexe du fromage peut créer une dépendance, mais il contiendrait également différents composés de la famille de la morphine. On sait par exemple depuis quelques années que la fermentation nécessaire à la fabrication du fromage est une source de casomorphine[234]. Il s'agit d'une protéine qui a des propriétés analgésiques similaires à celles de la morphine. La digestion du lait produit aussi de la casomorphine : la caséine, principale protéine du lait, est détruite pendant ce processus pour libérer des acides aminés qui se regroupent en chaînes de casomorphine. Le lait contient finalement de la morphine « pure » en petites quantités. Elle est produite naturellement par les vaches[235]. Or, qui dit morphine dit dépendance. Pour le Dr Neal Barnard, auteur de *Breaking the Food Seduction*[236], c'est là une des causes essentielles de notre engouement pour le fromage.

Il faut toutefois noter que les avis sont partagés sur cette question. Dans un rapport publié en 2009, l'Autorité européenne de sécurité des aliments (EFSA) disait ne pas avoir de preuves suffisantes pour affirmer que la casomorphine traverse la paroi intestinale avant de se retrouver dans le sang et de franchir la barrière hémato-encéphalique[237].

LA DÉPENDANCE N'EST PAS SEULEMENT PHYSIQUE

Être accro à un aliment ne veut pas dire qu'on va devoir traverser une phase de sevrage physique avec tremblements et bouche sèche si on décide d'arrêter de le consommer. Pour le Dr Neal Barnard, on peut être dépendant à un aliment comme on l'est à un jeu de hasard : on a un besoin compulsif de jouer, on est peut-être même prêt à prendre des risques pour cela, mais on ne ressent pas pour autant de symptômes de sevrage physique quand le casino est fermé. De même, on peut être accro au fromage sans nécessairement avoir de sueurs froides quand le plateau est vide[238].

Que la dépendance soit physique ou psychologique, la substance stimule les récepteurs cérébraux des opiacés, ce qui crée un petit *buzz*. Dès que la dépendance s'installe, le cerveau s'attend à ce que la stimulation continue.

De l'ascétisme au végétalisme

Quand on regarde un peu l'histoire du végétalisme, c'est-à-dire le régime consistant à ne consommer aucun produit d'origine animale, on constate que nous sommes accros au fromage (et au lait) depuis belle lurette. S'il y a probablement toujours eu des humains végétariens, les traces de végétalisme sont en revanche plus difficiles à trouver. Mais alors, qui furent ces premiers hommes à renoncer au fromage? C'est exactement la question que j'ai posée à Renan Larue, historien du végétarisme[239].

«Au cours de la longue histoire du végétarisme, c'est essentiellement la viande qui a fait l'objet des critiques les plus vigoureuses de la part des végétariens. L'abstinence de lait, en plus de l'abstinence de viande, me semble être surtout le fait de sectes religieuses et philosophiques, qui obéissent à une autre logique: l'ascétisme. En Occident, le végétalisme a été perçu jusqu'à une date très récente comme une pratique extrême, un exercice de mortification.» En effet, il y a peu de temps encore, renoncer aux produits laitiers, c'était renoncer aux plaisirs physiques en général pour progresser dans le domaine spirituel. Certains religieux adoptent d'ailleurs un régime végétalien pendant les jours maigres du calendrier liturgique.

Si on met de côté les pratiques religieuses pour examiner les considérations morales, on voit que le lait des vaches a longtemps constitué une raison d'être végétarien, et non végétalien. Comme l'explique Renan Larue, «dès l'Antiquité, les promoteurs du végétarisme insistent sur les services que nous rendent les vaches, ces créatures innocentes, afin de mieux souligner la cruauté et l'ingratitude de ceux qui les mettent à mort. Pour eux, le lait que nous donnent les vaches devrait nous obliger, en retour, à les respecter, c'est-à-dire à ne pas les manger. Notre bienveillance envers elles est une dette, une sorte d'obligation contractuelle ».

Pour pouvoir songer à vivre sans animaux, il fallait d'abord développer les moyens technologiques de le faire. Pendant l'Antiquité, il n'y avait ni tracteur, ni engrais chimique. On était dépendants de la force motrice des bovins. À cette époque, une société humaine sans vaches n'était même pas une utopie : personne n'y pensait ! La seule solution envisageable, le mieux qu'on pouvait offrir aux animaux, c'était le végétarisme, c'était de les traiter avec égard.

De nos jours, la situation est différente. L'idée qu'on puisse vivre sans manger ni exploiter d'animaux, bien qu'encore marginale, est de plus en plus répandue. Le terme *vegan* est apparu en Angleterre au milieu du xxe siècle, après que des membres de la Vegetarian Society eurent suggéré de former un groupe de végétariens qui ne consomment pas de produits laitiers. La Vegan Society est née en 1944. Aujourd'hui encore, elle définit le véganisme comme un mode de vie qui cherche à exclure, autant que possible, toute forme d'exploitation et de cruauté envers les animaux, que ce soit pour se nourrir, s'habiller, ou pour tout autre but[240]. Pour de nombreux végans, ce choix n'est rien de plus que l'aboutissement logique de l'engagement à l'origine du végétarisme.

DU FROMAGE, S'IL VOUS PLAÎT !

Les végétaliens sont encore minoritaires et l'industrie laitière ne compte pas renoncer à ses profits. Elle a aussi compris qu'on aime vraiment le fromage. Le Dr Neal Barnard raconte comment Dairy Management inc., le pendant américain de nos Producteurs laitiers du Canada, a soutenu le développement de la « Fan du fromage » de Pizza Hut, une pizza dont la croûte est farcie de fromage. Le même organisme a également collaboré avec Burger King pour s'assurer que le fromage soit bien présent dans tous les burgers[241].

Au Québec, la campagne des fromages d'ici visait – et vise encore – à rendre l'attachement au fromage non seulement physique, mais aussi émotif. C'est maintenant l'aliment local préféré des Québécois, devant les fraises, les pommes et le sirop d'érable[242]. Alors que les ventes de lait et de crème glacée déclinent depuis des années, celles de fromage ont le vent dans les voiles. De 10,45 kg par habitant et par année en 1990, nous en consommons désormais 12,54 kg[243].

CONSOMMATION DE PRODUITS LAITIERS PAR HABITANT, PAR ANNÉE (CANADA)

	1990	2000	2010
Lait (l)	95,47	88,22	77,98
Crème (l)	5,25	6,83	8,21
Yogourt (l)	2,91	4,59	8,28
Crème glacée (l)	10,51	8,63	5,51
Beurre (kg)	2,71	2,99	2,69
Fromage (kg)	10,45	11,85	12,54

CHANGER SES HABITUDES

Que ce soit pour des raisons de santé ou d'éthique, se départir de sa dépendance au fromage n'est pas une mince affaire. J'ai regroupé quelques conseils pour faciliter la transition.

– Notre rapport à la nourriture est largement social. En essayant de changer vos habitudes alimentaires avec quelqu'un – un conjoint, un ami, un enfant –, vous multipliez les chances de réussite.

– Vos amis risquent de remettre en question vos choix et c'est normal qu'ils agissent de la sorte. Il est en effet naturel et même bénéfique d'être prudent devant des changements de régime. Quand un bébé chimpanzé a dans les mains un fruit qui ne fait pas partie des habitudes alimentaires de sa communauté, sa mère ou sa sœur le lui retire par précaution. Ce qui ne veut pas dire que ce fruit est du poison, mais on ne prend pas de risque. Les amis et la famille ont souvent le même genre de réaction lorsqu'on leur annonce qu'on change notre alimentation. Ils agissent ainsi parce qu'ils tiennent à nous.

– Si vous avez décidé d'arrêter de consommer des produits laitiers, ne faites pas un gratin pour les autres membres de la famille. Offrez-leur plutôt de partager votre repas. Souvent, on s'efforce de cuisiner ce qui plaît aux autres pour leur montrer qu'on les aime. Préparer des plats santé est une bonne façon de manifester son amour !

– Parlez-en ! Lorsque j'ai choisi de renoncer aux produits laitiers, j'étais un peu gênée d'en parler à mes collègues de bureau. Aujourd'hui, je regrette. Une fois que j'ai eu expliqué ce qui motivait mes choix, la plupart des gens m'ont montré leur soutien. Souvent, avant de choisir un endroit où luncher, on me demandait si j'allais y trouver quelque chose que je pourrais consommer. Le même principe s'applique quand on nous invite à manger. On peut décider de faire des exceptions, mais on peut aussi aider l'hôte ou l'hôtesse à préparer des plats qui conviennent à notre régime.

– Ne dites jamais que vous ne mangerez plus de fromage. Donnez-vous le droit de « tricher ». L'important est de faire de son mieux. Pas d'être parfait[244] !

– Parlez d'autre chose ! Un changement de régime fascine les gens, mais c'est parfois fatigant d'avoir à expliquer le pourquoi de ses choix. Vos choix alimentaires sont personnels. Vous n'êtes pas obligé de devenir un militant antilait et de ne parler que de ça…

CONCLUSION

J'ai dédié ce livre à une vache. Une Jersey qui portait le numéro 67, une belle brune aux yeux sombres et aux cils délicats, comme la déesse grecque Héra. Cette Jersey n° 67, je l'ai croisée il y a quelques mois dans une exposition agricole. Mon regard s'est tourné vers elle parce que, contrairement à ses congénères plutôt calmes ce jour-là, elle refusait de marcher au pas. Elle tirait sur sa corde. Elle ne semblait pas craindre la pluie de coups de bâton qui s'abattait sur ses flancs. Elle tirait sur sa corde et refusait d'avancer. Je me suis arrêtée pour l'observer, elle, parce qu'elle sortait du lot. C'est alors que, au beau milieu de cette exposition agricole, une question toute simple m'a assaillie : que faisait-elle là ?

Cette Jersey était là parce qu'on croit qu'il est naturel de boire du lait. Pourtant, la consommation de lait est récente : elle date des débuts de l'agriculture, il y a quelque dix mille ans. Il aura d'ailleurs fallu que l'humain s'adapte au lait de vache, qu'un gène mute pour qu'on puisse le digérer. Aujourd'hui encore, ce sont essentiellement les personnes dont les ancêtres sont européens ou issus de peuples nomades d'Afrique qui peuvent l'assimiler à l'âge adulte. Ce petit groupe compte pour à peine 25 % de la population mondiale.

Cette Jersey était là parce qu'on croit que son lait est nécessaire à la santé osseuse et à la prévention de l'ostéoporose. Mais ce n'est pas de lait qu'on a besoin pour avoir des os solides. C'est de calcium, dont les sources végétales sont nombreuses, de vitamine D et d'une bonne hygiène de vie. Non seulement le lait des vaches n'est pas essentiel, mais il contiendrait des hormones, des allergènes, du cholestérol, des gras saturés, de la casomorphine et des pesticides dommageables pour notre santé.

Si cette Jersey était là, c'est aussi parce que l'industrie finance la recherche qui nous convainc du bien-fondé de sa présence. C'est parce qu'on veut bien ignorer que son fromage contribue de façon importante au réchauffement de notre climat. C'est parce que les producteurs paient des campagnes de publicité pour nous faire aimer son lait et son fromage. Si elle était là, c'est parce que notre rapport aux produits laitiers se fonde sur des mythes où les faits sont gommés au profit de notre plaisir.

Car la Jersey n° 67 et ses milliers de congénères qui piétinent dans les étables du Québec ne sont là que pour notre plaisir. Elles sont là parce que cela nous arrange de penser qu'il est normal de les exploiter pour leur lait avant de les tuer pour leur viande. Mais il ne faut jamais l'oublier : les vaches ne produisent du lait que parce qu'on les contraint à le faire. Elles passent le plus clair de leur vie attachées dans des stalles, constamment enceintes et séparées de leurs veaux dès la naissance. Simples machines à convertir du fourrage et du soya en argent, elles n'ont pour seul horizon, après quatre années de misère, que l'abattoir. Elles souffrent physiquement et psychologiquement sans qu'aucune loi les protège. Dans le fond, cette Jersey n'était là que parce que nous sommes très habiles à occulter sa souffrance en mangeant nos céréales.

Comment une chose peut-elle être naturelle, nécessaire et normale quand nous avons l'horrible sentiment qu'elle ne l'est pas ?

***

Je ne vois pas ce qui pourrait justifier moralement notre consommation de lait. Celles et ceux qui ont lu mon premier livre, *Je mange avec ma tête*, ou qui suivent mon blogue savent que je suis végétalienne depuis plusieurs années. Ils sont aussi au courant que, comme tout le monde, j'ai d'abord été omnivore – et carniste sans le savoir ! J'ai ensuite embrassé une sorte de « semi-végétarisme » (je mangeais du poisson), puis un végétarisme complet. Enfin, j'ai compris que les arguments contre la viande valaient pour tous les aliments d'origine animale. Le statu quo est impossible. La décision de devenir végétalienne m'a d'abord paru extrême ; aujourd'hui, je réalise qu'elle était raisonnable, car je n'ai fait qu'aligner mes pratiques à mes connaissances.

Changer ses habitudes n'est pas chose facile et on peut avoir besoin d'y aller graduellement et de passer par un certain nombre d'étapes. Pourtant, à la lumière de ce que je sais aujourd'hui sur les produits laitiers, je me demande si l'on ne devrait pas envisager différemment ces étapes. Pourquoi ne pas imaginer de commencer par un « demi-végétalisme » : une diminution de notre consommation de viande et de produits laitiers. À plusieurs égards, ce pourrait être un meilleur compromis qu'un simple végétarisme. Autrement dit, peut-être qu'en même temps que les lundis sans viande, notre société pourrait promouvoir les mardis sans produits laitiers.

Je suis sensible aux arguments d'éthique animale et je crois qu'on devrait essayer de vivre sans infliger de souffrance inutile. Je sais qu'on peut cuisiner et déguster des repas végétaliens sans regretter le beurre et les steaks saignants : cela peut même devenir une expérience inventive et savoureuse qui n'a rien à envier aux meilleures traditions gastronomiques. Surtout, ce n'est pas parce que la perfection nous semble inaccessible, qu'une vie sans protéines animales paraît utopique, que ça ne vaut pas le coup d'essayer. Je sais qu'on peut avoir du plaisir sans que des êtres sensibles et innocents en paient le prix.

Respect des animaux et respect de l'environnement : j'espère avoir montré que, sur ces questions, l'industrie laitière n'a pas un bilan enviable. Mais en écrivant ce livre, j'ai aussi découvert une réalité que je ne soupçonnais pas : les conséquences du lait sur la santé humaine. De nombreuses études le relient, plus ou moins directement, à des problèmes de santé : réactions allergiques, cancers, maladies cardiaques, obésité, etc.

Certes, le lait n'est pas du poison. Mais ce n'est pas non plus un aliment vital. L'être humain n'est pas ce mammifère qui, une fois sevré, devrait son salut aux glandes mammaires d'un autre animal. Contrairement à ce que l'industrie aimerait nous faire croire, on peut vivre sans lait. On peut vivre très bien, et même mieux. Le lait n'a rien du remède miracle qu'on nous vend.

***

Certes, nos habitudes sont bien ancrées. Et on peut compter sur l'industrie laitière pour nous compliquer la tâche et entretenir les mythes. Les campagnes publicitaires, financées à coups de millions, se répandent à la télé et dans les journaux. Des personnes très intelligentes réfléchissent aux meilleurs moyens d'emporter notre sympathie, d'asservir notre désir et de maintenir nos habitudes. Et c'est vrai qu'elles sont souvent belles, les pubs de lait.

Mais ce n'est pas une raison. Il faut apprendre à penser plutôt qu'à croire. Oser affirmer ses valeurs, ne pas se laisser dicter ses choix et ne pas craindre de sortir du lot, comme la Jersey n° 67. Rester vigilant, être critique, continuer à s'informer. C'est à cette seule condition que nous ne serons plus des vaches à lait.

Pour joindre et suivre l'auteure :
elise.desaulniers@gmail.com

edesaulniers.com
penseravantdouvrirlabouche.com
twitter.com/edesaulniers
facebook.com/penseravantdouvrirlabouche

DES SUBSTITUTS
AUX PRODUITS LAITIERS

C'est une chose de décider de changer ses habitudes et de diminuer sa consommation de lait. C'en est une autre de se retrouver devant un souper à préparer sans produits laitiers. Le lait est partout, et dans toutes nos recettes. Remplacer la crème par du soya dans son café est un geste assez simple. Mais que fait-on quand vient le temps de cuisiner une lasagne gratinée ?

Ce livre aurait été incomplet sans un petit guide pratique, une trousse de survie du sevré en devenir. J'ai demandé à MariÈve Savaria, diplômée en diététique, professeure de cuisine végétalienne et blogueuse, de me donner quelques astuces*.

---

* On peut consulter le blogue de MariÈve Savaria à brutalimentation.ca

REMPLACER LE LAIT

Les céréales, les noix et les graines aiment leurs semblables

On trouve un large éventail de «laits» à base de céréales et de noix en épicerie : sarrasin, avoine, orge, riz, soya, amandes, etc. La question de leurs propriétés nutritionnelles a été abordée au chapitre 2. Mais qu'est-ce que ça goûte ? Avec quoi les assortit-on ? C'est simple, ces céréales aiment se marier à leurs semblables.

Les crêpes de sarrasin apprécieront le «lait» de sarrasin.

Les sauces et les potages qu'on épaissit souvent avec un féculent ou une céréale (comme le riz) apprécieront la boisson de soya, de riz, d'avoine ou d'orge (optez pour la version non sucrée).

Le pouding au riz se marie bien avec le «lait» de riz.

Les gâteaux, muffins et biscuits aiment le «lait» d'amandes.

Soutenez le goût de vos galettes d'avoine, de votre gruau ou de vos céréales du matin avec un «lait» d'avoine ou d'orge.

Mission camouflage

Dans le café ou une sauce béchamel, on ne veut surtout pas que la saveur de la boisson végétale prenne le dessus. On recherche alors un goût neutre, doux, comme certains «laits» de soya ou d'amandes non sucrés.

Sucré ou salé ?

Demandez-vous dans quel type de préparation servira votre boisson végétale. Un dessert, un plat de pâtes sauce rosée, un pouding ? C'est ce qui vous fera choisir une boisson plutôt qu'une autre.

FROMAGES, CRÈMES, YOGOURTS, CRÈMES GLACÉES ET BEURRE VÉGÉTAUX À L'ÉPICERIE

Loin d'être exhaustive, cette liste contient simplement nos produits préférés. On les trouvera dans la majorité des épiceries et des magasins d'aliments naturels.

Fromages
- Daiya (farine de tapioca ou d'amarante). Le meilleur fromage pour la pizza.
- Tofutti (soya). Fromage à la crème.
- Parma-Veg (noix et levure). Substitut au parmesan.
- Unisoya (soya). Substitut à la feta.

Crèmes
- Belsoy (soya). Pour la cuisson.
- So Nice (soya). Pour le café.
- MimicCreme (amandes). Pour le café.
- MimicCreme/Healthy Top (amandes et cajous). Pour fouetter.
- Tofutti (soya). Crème sure.

Yogourts
- Amande (amandes).
- Yoso (soya).
- Sojasun (soya).

Crèmes glacées
- Soy Delicious (soya).

Beurre
Le plus simple est d'utiliser de l'huile végétale. Mais quand on a *vraiment* besoin de beurre, la margarine Earth Balance bio est le meilleur choix.

Faire ses produits « laitiers » à base de noix

Pas besoin d'avoir une vache sous la main pour fabriquer son lait, sa crème ou son fromage. Il suffit d'avoir quelques poignées de noix. Le processus est assez simple et la base, toujours la même. Des noix ou des graines trempées dans l'eau en moyenne douze heures à température ambiante, que l'on égoutte et rince, et auxquelles on ajoute de l'eau fraîche. Plus on met d'eau, plus on aura un liquide qui ressemble à un « lait » végétal. Moins on en met, plus on aura une consistance allant de la crème au yogourt et au fromage frais.

Toutes ces recettes sont des bases que vous pouvez modifier selon vos envies. Conservez les préparations obtenues dans un pot en verre fermé au réfrigérateur, environ quatre à cinq jours.

« Lait » ou crème végétaux
Pour 1 litre de lait ou 1 ½ tasse de crème.

Faire tremper ¾ tasse de noix ou de graines de son choix (amandes, sésame, tournesol, Grenoble, etc.) pendant 12 heures.

Égoutter, rincer et mettre au mélangeur avec 4 tasses d'eau fraîche.

Mixer pendant environ 30 secondes ou jusqu'à ce que le mélange soit blanc laiteux.

Filtrer dans un sac à cet effet ou une passoire très fine.

On peut ajouter un peu de miel, de sirop d'érable, de cacao ou de vanille pour aromatiser sa boisson et imiter celles du commerce.

Crème végétale

Pour 1 ½ tasse de crème.

Faire tremper ½ tasse de noix de cajou au moins 4 heures à température ambiante.

Égoutter, rincer et mettre au mélangeur avec ½ tasse d'eau et une pincée de fleur de sel. Ajouter un peu plus d'eau au besoin.

Mixer jusqu'à l'obtention d'une texture lisse. Ajouter de l'eau si nécessaire.

Éviter de cuire cette crème. L'intégrer plutôt en fin de cuisson, une fois le plat retiré du feu ou encore sur un plat chaud comme des pâtes style Alfredo. Intéressant aussi comme base de vinaigrette crémeuse.

On peut sucrer cette crème, lui ajouter des fruits séchés et la congeler. Quand elle sort du congélateur, on la remet dans le robot jusqu'à l'obtention d'une crème glacée !

Yogourt végétal

Faire tremper 1 tasse de noix de cajou, d'amandes ou de graines de tournesol pendant environ 12 heures, à température ambiante.

Égoutter, rincer et mettre au mélangeur avec 1 tasse d'eau.

Mixer jusqu'à l'obtention d'une texture lisse.

Déposer dans un grand pot de verre, couvrir d'une étamine ou d'un essuie-tout attaché avec un élastique et laisser fermenter à l'abri de la lumière pendant 12 heures. Réfrigérer. Filtrer dans un sac d'égouttage pour plus d'onctuosité. On obtiendra alors un fromage frais à tartiner qu'on peut aromatiser (sucré, salé, avec de l'ail ou du miso) et qui se conservera au frais pendant une semaine.

REMERCIEMENTS

Merci d'abord à tous ceux qui ont commenté mes billets, qui m'ont posé des questions après des conférences et qui m'ont envoyé leurs observations par courriel. Les réflexions de ce livre se sont abondamment nourries des vôtres.

Un merci tout particulier à Alexandre Simard, Amélie Piéron, Andrée-Anne Cormier, Antoine C. Dussault, Benoît Girouard, Catherine Viau, Frédéric Côté-Boudreau, Guillaume Beaulac, Jean-François Bourdeau, Jean-Philippe Royer, Marie-Claude Plourde, MariÈve Savaria, Martine Delvaux, Martin Gibert, Olivier Berreville, Renan Larue, Roméo Bouchard, Sophie Gaillard et Valéry Giroux pour leurs précieux commentaires, conseils et critiques.

Merci à mes amis que j'ai forcés à écouter de longs monologues sur le lait et que j'ai souvent *flushés* pour cause de livre à avancer.

Finalement, merci à Miléna Stojanac, à la fois éditrice, confidente et conseillère scientifique, et à toute l'équipe du Groupe Librex pour la confiance et l'amitié si souvent témoignées. Travailler à vos côtés est un plaisir constamment renouvelé.

NOTES

Avant-propos

1   Michael Shermer, *The Believing Brain*, Times Books, 2011.

2   Christopher Beam, « Man's First Friend: What was the original domesticated animal? », Slate, 6 mars 2009, http://www.slate.com/articles/news_and_politics/explainer/2009/03/mans_first_friend.html

Chapitre 1
Le lait, c'est naturel

3   Ruth Bollongino et coll., « Modern Taurine Cattle descended from small number of Near-Eastern founders », *Molecular Biology and Evolution*, 2012, http://mbe.oxfordjournals.org/content/early/2012/03/14/molbev.mss092.abstract (cité dans Duncan Geere, « Origin of Modern Cows Traced to Single Herd », *Wired*, 27 mars 2012, http://www.wired.com/wiredscience/2012/03/cattle-ox-origins).

4   Ewen Callaway, « Pottery shards put a date on Africa's dairying », *Nature*, 20 juin 2012, http://www.nature.com/news/pottery-shards-put-a-date-on-africa-s-dairying-1.10863.

5   *Ibid.*

6   Physicians Committee for Responsible Medicine, *What Is Lactose Intolerance?*, http://www.pcrm.org//health/diets/

         vegdiets/what-is-lactose-intolerance(consulté le 28 août
         2012).

7   S.R. Hertzler et coll., « How much lactose is low lactose ? »,
         Journal of the American Dietetic Association, 1996, 96:243-246.

8   Université de Genève, « Sur les traces du lait et de sa
         digestion », http://www.unige.ch/communication/Campus/
         campus97/recherche2.html (consulté le 28 août 2012).

9   Deborah Valenze, *Milk: A Local and Global History*, Yale Uni-
         versity Press, 2011, p. 3.

10   Anonyme, « La tolérance au lait provient des Balkans »,
         Sciences et Avenir, 2 septembre 2009, http://www.science-
         setavenir.fr/nature-environnement/20090902.OBS9691/la-
         tolerance-au-lait-provient-des-balkans.html.

11   L'Union européenne finance d'ailleurs un groupe de
         recherche, le LeCHE (Lactase Persistence and the Early
         Cultural History of Europe), consacré au phénomène.

12   Joseph Keon, *Whitewash*, New Society Publishers, 2010, p. 46.

13   *Ibid.*, p. 26.

14   Melanie Joy, *Why We Love Dogs, Eat Pigs and Wear Cows*,
         Conari Press, p. 13.

Chapitre 2
On en a besoin pour les os

15   *Ibid.*, p. 17.

16   Institut national de santé publique du Québec, *Mieux vivre
         avec notre enfant de la grossesse à deux ans* (section Alimen-
         tation), 2012, http://www.inspq.qc.ca/MieuxVivre/sections/
         MV2012_Alimentation.pdf.

17   Fédération des producteurs de lait du Québec, http://www.
         lafamilledulait.com/publivores/36-un_verre_de_lait_cest_
         bien_mais_deux_cest_mieux.

18   Anonyme, « Le séquençage du génome du chimpanzé ! »,
         Hominidés.com : les évolutions de l'homme, septembre 2005,
         http://www.hominides.com/html/actualites/actu080905-adn-
         chimpanze.php.

19   Amy Joy Lanou et coll., « Calcium, Dairy Products, and Bone
         Health in Children and Young Adults: A Reevaluation of the
         Evidence », *Pediatrics*, vol. 115, n° 3, 1er mars 2005, p. 736-743,
         http://pediatrics.aappublications.org/content/115/3/736.abstract.

20   Passeport Santé, *Ostéoporose*, http://www.passeportsante.
         net/fr/Maux/Problemes/Fiche.aspx ?doc=osteoporose_pm
         (consulté le 28 août 2012).

21   Organisation mondiale de la santé, *Régime alimentaire, nutri-
         tion et prévention des maladies chroniques – Rapport d'une
         consultation OMS/FAO d'experts*, 2003, http://www.fao.org/

WAIRDOCS/WHO/AC911F/AC911F00.HTM (consulté le 15 mars 2012).

22 Santé Canada, *La vitamine D et le calcium: Révision des Apports nutritionnels de référence*, http://www.hc-sc.gc.ca/fn-an/nutrition/vitamin/vita-d-fra.php (consulté le 14 janvier 2013).

23 Les diététistes du Canada, *Sources alimentaires de calcium*, http://www.dietitians.ca/Nutrition-Resources-A-Z/Factsheets/Osteoporosis/Food-Sources-of-Calcium.aspx (consulté le 27 octobre 2012).

24 Food and Nutrition Board, *Dietary Reference Intakes for Calcium and Vitamin D*, 2010, http://www.nap.edu/openbook/13050/png/62.png.

25 T. Colin Campbell et Thomas M. Campbell, *Le Rapport Campbell*, Ariane, 2008.

26 T. Colin Campbell et Thomas M. Campbell, *The China Study*, BenBella Books, 2004, p. 205-206.

27 L.A. Frassetto et coll., « Worldwide incidence of hip fracture in elderly women: relation to consumption of animal and vegetable foods », *Journal of Gerontology: Medical Sciences*, octobre 2000, 55(10):M585-592, http://www.ncbi.nlm.nih.gov/pubmed/11034231.

28 N. M. Maalouf et coll., « Hypercalciuria Associated With High Dietary Protein Intake is Not Due to Acid Load », *The Journal of Clinical Endocrinology and Metabolism*, 2011, 96: 3733–3740.

29 Jane E. Kerstetter et coll., « Dietary protein and skeletal health: a review of recent human research », *Current Opinion in Lipidology*, février 2011, 22(1):16-20, http://www.ncbi.nlm.nih.gov/pubmed/21102327.

30 Jane E. Kerstetter et coll., « The Impact of Dietary Protein on Calcium Absorption and Kinetic Measures of Bone Turnover in Women », *The Journal of Clinical Endocrinology and Metabolism*, janvier 2005, 90(1):26-31, http://www.ncbi.nlm.nih.gov/pubmed/15546911.

31 Conversation par courriel, 14 août 2012.

32 David Savoie, « Un verre de lait, c'est bien. Avec de la vitamine D, c'est mieux ! », *McGill News*, automne-hiver 2010, http://publications.mcgill.ca/mcgillnews/2010/11/28/un-verre-de-lait-c%E2%80%99est-bien-avec-de-la-vitamine-d-c%E2%80%99est-mieux.

33 Diane Feskanich et coll., « Calcium, vitamin D, milk consumption, and hip fractures: a prospective study among postmenopausal women », *The American Journal of Clinical Nutrition*, 2003, 77:504–511, http://www.ajcn.org/content/77/2/504.full.pdf.

34 « L'épicerie », *Le nouveau Guide alimentaire canadien*, Radio-Canada, émission du 7 mars 2007, http://www.radio-canada.ca/actualite/v2/lepicerie/niveau2_14082.shtml.

35   Pierre Lefrançois, «Vitamine D: des chercheurs suggèrent
      un apport quotidien de 2000 UI par jour», *Passeport Santé*,
      17 juin 2009, http://www.passeportsante.net/fr/Actualites/
      Nouvelles/Fiche.aspx?doc=2009061680_vitamine-d-des-
      chercheurs-suggerent-un-apport-quotidien-de-2000-ui-
      par-jour.

36   *Ibid.*

37   Passeport Santé, *Vitamine D*, http://www.passeport-
      sante.net/fr/Solutions/PlantesSupplements/Fiche.
      aspx?doc=vitamine_d_ps (consulté le 29 août 2012).

38   T.C. Chen et coll., «Factors that influence the cutaneous
      synthesis and dietary sources of vitamin D», *Archives of
      Biochemistry and Biophysics*, 15 avril 2007, 460(2):213-217,
      http://www.ncbi.nlm.nih.gov/pmc/articles/PMC2698590

39   Stephen Brook, «Vegans force Nestlé climbdown», *The
      Guardian*, 28 septembre 2005, http://www.guardian.co.uk/
      media/2005/sep/28/advertising.

40   Passeport Santé, *Le calcium est essentiel... Et le lait?*, http://
      www.passeportsante.net/fr/Actualites/Dossiers/Article
      Complementaire.aspx?doc=lait_calcium_do (consulté le
      29 août 2012).

41   P. Weber, «Vitamin K and bone health», *Nutrition*, 2001,
      17:880–887.

42   Passeport santé, *Lait*, http://www.passeportsante.net/fr/
      Nutrition/EncyclopedieAliments/Fiche.aspx?doc=lait_nu

43   http://www.passeportsante.net/fr/Nutrition/Palmares
      Nutriments.

44   Lise Bergeron, «Boissons végétales: comment choisir?»,
      Protégez-vous, septembre 2012, http://www.protegez-vous.
      ca/boissons-vegetales.html.

45   Soya.be, *History of Soybeans*, http://www.soya.be/history-of-
      soybeans.php (consulté le 29 août 2012).

46   Marie Allard, «Encore plus d'OGM dans nos champs», *La
      Presse*, 4 juillet 2011, http://www.lapresse.ca/actualites
      /201107/03/01-4414689-encore-plus-dogm-dans-nos-
      champs.php.

47   Élise Desaulniers, *Je mange avec ma tête*, Stanké, 2011,
      p. 132-133.

48   N. Guha et coll., «Soy isoflavones and risk of cancer recur-
      rence in a cohort of breast cancer survivors: the Life After
      Cancer Epidemiology study», *Breast Cancer Research and
      Treatment*, novembre 2009, 118(2):395-405, http://www.ncbi.
      nlm.nih.gov/pubmed/19221874.

49   Xiao Ou Shu et coll., «Soy Food Intake and Breast Cancer
      Survival», *JAMA*, 9 décembre 2009, 302(22):2437-2443,
      http://www.ncbi.nlm.nih.gov/pmc/articles/PMC2874068/pdf/
      nihms169338.pdf.

50   B.J. Caan et coll., « Soy food consumption and breast cancer prognosis », *Cancer Epidemiology, Biomarkers and Prevention*, mai 2011, 20(5):854-858, http://www.ncbi.nlm.nih.gov/pubmed/21357380.

51   Anonyme, « Study: Eating Soy May Decrease Sperm Count in Men », *Fox News*, 18 octobre 2007.

52   Justine Butler, « Ignore the anti-soya scaremongers », *The Guardian*, 1er juillet 2010, http://www.guardian.co.uk/commentisfree/2010/jul/01/anti-soya-brigade-ignore-scare-mongering/

53   Jorge E. Chavarro, « Soy food and isoflavone intake in relation to semen quality parameters among men from an infertility clinic », *Human Reproduction*, 2008, 23(11): 2584-2590, http://humrep.oxfordjournals.org/content/23/11/2584.long.

Chapitre 3
Un verre de lait c'est bien, mais deux c'est mieux

54   Benjamin Spock, *L'Art d'être parents*, Éditions de l'Homme, 1990.

55   Heidi Splete, « USDA Panel Skeptical About Milk's Health Claims », *Family Practice News*, 2001, http://www.docstoc.com/docs/56136848/USDA-Panel-Skeptical-About-Milks-Health-Claims-(Criticism-of-Milk-Mustache-ADS) (Brief-Article).

56   Cité dans Rob Cunningham, *La guerre du tabac: l'expérience canadienne*, Centre de recherche pour le développement international, 1996, p. 86.

57   Frédéric Forge, *Recombinant Bovine Somatotropin (rbST)*, Science and Technology Division, Parliamentary Research Branch, 1998, http://publications.gc.ca/collections/Collection-R/LoPBdP/BP/prb981-e.htm#THE IMPACT.

58   K. Maruyama et coll. « Exposure to exogenous estrogen through intake of commercial milk produced from pregnant cows », *Pediatrics International*, 2010, 52:33-38, http://onlinelibrary.wiley.com/doi/10.1111/j.1442-200X.2009.02890.x/abstract.

59   *Ibid.*

60   Nicholas Bakalar, « Rise in Rate of Twin Births May Be Tied to Dairy Case », *The New York Times*, 30 mai 2006, http://www.nytimes.com/2006/05/30/health/30twin.html.

61   B.C. Melnik, « Evidence for acne-promoting effects of milk and other insulinotropic dairy products », *Nestle Nutrition Workshop Series: Pediatric Program*, 2011,67:131-145, http://www.ncbi.nlm.nih.gov/pubmed/21335995.

62   Joseph Keon, *op. cit.*, p. 34.

63   C.A. Adebamowo et coll., « High school dietary dairy intake and teenage acne », *Journal of the American Academy of*

Dermatology, février 2005, 52(2):207-14, http://www.ncbi. nlm.nih.gov/pubmed/15692464.

64 C.A. Adebamowo et coll., «Milk consumption and acne in adolescent girls», *Dermatology Online Journal*, 30 mai 2006, 12(4):1, http://www.ncbi.nlm.nih.gov/pubmed/17083856.

65 D. Ganmaa et coll., «Incidence and mortality of testicular and prostatic cancers in relation to world dietary practices», *International Journal of Cancer*, 2002, 98:262–267.

66 D. Ganmaa et A. Sato, «The possible role of female sex hormones in milk from pregnant cows in the development of breast, ovarian and corpus uteri cancers», *Medical Hypotheses*, 2005, 65:1028-1037.

67 D. Ganmaa et coll., «Is milk responsible for male repro-ductive disorders?», *Medical Hypotheses*, 2001, 57:510-514.

68 M.T. Brinkman et coll., «Consumption of animal products, their nutrient components and postmenopausal circulating steroid hormone concentrations», *European Journal of Clinical Nutrition*, 2010, 64(2):176-183., http://www.ncbi.nlm. nih.gov/pubmed/19904296.

69 Joseph Keon, *op. cit.*, p. 58.

70 Jeanine M. Genkinger et coll., «Dairy Products and Ovarian Cancer: A Pooled Analysis of 12 Cohort Studies», *Cancer Epidemiology, Biomarkers and Prevention*, février 2006, 15:364.

71 Joseph Keon, *op. cit.*, p. 65.

72 *Ibid*, p. 67.

73 Stephen Astor, *Hidden Food Allergies*, Avery Publishing Group, 1998, p. 5.

74 Association québécoise des allergies alimentaires, *Statis-tiques*, 2011, http://www.aqaa.qc.ca/_library/images/con-tentImages/statistiques_allergies_alimentaires_2011.pdf.

75 Joseph Keon, *op. cit.*, p. 37.

76 Association québécoise des allergies alimentaires, *op. cit.*

77 Centre d'information et de recherche sur les intolérances et l'hygiène alimentaires, *Distinction entre allergie aux protéines du lait de vache et intolérance au lactose*, http:// www.ciriha.org/fr/allergie-lait-intolerance-lactose/differ-ences-entre-allergie-aux-proteines-du-lait-de-vache-et-intolerance-au-lactose.html (consulté le 14 janvier 2013).

78 C.S. Williamson, «Nutrition in pregnancy», *Nutrition Bulletin*, 2006, 31:28-59, http://onlinelibrary.wiley.com/ doi/10.1111/j.1467-3010.2006.00541.x/full.

79 E. Birch et coll., «Breast-feeding and optimal visual develop-ment», *Journal of Pediatric Ophthalmology and Strabismus*, 1993, 30(1):33-38, http://ukpmc.ac.uk/abstract/MED/8455123/ reload=0;jsessionid=jS3uUHntAoiVLse9Yrdo.4.

80 M. Makrides et coll., «Erythrocyte Docosahexaenoic Acid

Correlates with the Visual Response of Healthy, Term Infants », *Pediatric Research*, 1993, 33:425-427, http://www. nature.com/pr/journal/v33/n4/abs/pr199387a.html.

81   M. Hørby Jørgensen et coll., « Visual acuity and erythrocyte docosahexaenoic acid status in breast-fed and formula-fed term infants during the first four months of life », *Lipids*, 1996, vol. 31, n° 1, p. 99-105, http://www.springerlink.com/content/7646314043216x04.

82   S. Lucarelli et coll., « Food Allergy and Infantile Autism », *Panminerva Medica*, 1996, 37:137-141, http://chapmannd.com/uploads/lucarelli%20food%20allergy%20autism%201995.pdf.

83   Joseph Keon, *op. cit.*

84   D. Ratner et coll., « Milk protein-free diet for nonseasonal asthma and migraine in lactase-deficient patients », *Israel Journal of Medical Science*, septembre 1983, 19(9):806-9, http://www.ncbi.nlm.nih.gov/pubmed/6643018.

85   H. Juntti et coll., « Cow's milk allergy is associated with recurrent otitis media during childhood », *Acta Oto-Laryngologica*, 1999, 119(8):867-873, http://www.ncbi.nlm.nih.gov/pubmed/10728925.

86   T.M. Nsouli et coll., « Role of food allergy in serous otitis media », *Annals of Allergy*, septembre 1994, 73(3):215-219, http://www.ncbi.nlm.nih.gov/pubmed/8092554.

87   Jacqueline Lagacé, *Comment j'ai vaincu la douleur et l'inflammation chronique par l'alimentation*, Fides, 2011.

88   A.L. Parke et G.R.V. Hughes, « Rheumatoid arthritis and food: a case study », *British Medical Journal*, 20 juin 1981, vol. 282, http://www.ncbi.nlm.nih.gov/pmc/articles/PMC1505908/pdf/bmjcred00663-0033.pdf.

89   Joseph Keon, *op. cit.*, p. 146.

90   *Ibid.*

91   K. Dahl-Jørgensen et coll., « Relationship between cows' milk consumption and incidence of IDDM in childhood », *Diabetes Care*, novembre 1991, 14(11):1081-1083, http://www.ncbi.nlm.nih.gov/pubmed/1797491.

92   Barbara Kamer et coll., « Intestinal colic in infants in the first three months of life – based on own observations », *Polish Gastroenterology*, 2010, vol. 17, n° 5, p. 351-354, http://www.doaj.org/doaj?func=abstract&id=912430.

93   K.D. Lust et coll. « Maternal intake of cruciferous vegetables and other foods and colic symptoms in exclusively breast-fed infants », *Journal of the American Dietetic Association*, janvier 1996, 96(1):46-48, http://www.ncbi.nlm.nih.gov/pubmed/8537569.

94   Les Producteurs laitiers du Canada, *Lactose: conseils simples pour augmenter la tolérance*, http://www.plaisirslaitiers.ca/

bien-etre/mythes-et-realites-sur-les-produits-laitiers/lactose-conseils-simples-pour-augmenter-la-tolerance (consulté le 28 août 2012).

95   Santé Canada, *Valeur nutritive de quelques aliments usuels*, http://www.csdraveurs.qc.ca/siteweb/Portail/Documents/ Les%20services/Ress%20Hum/Sant%C3%A9%20et%20mieux %C3%AAtre/Valeur%20nutritive%20de%20quelques%20 aliments%20usuels.pdf.

96   Food and Drug Administration, *Eat for a Healthy Heart*, 18 septembre 2008, http://www.fda.gov/forconsumers/ consumerupdates/ucm199058.htm. Traduction libre.

97   Sabita S. Soedamah-Muthu et coll. « Milk and dairy consumption and incidence of cardiovascular diseases and all-cause mortality: dose-response meta-analysis of prospective cohort studies », *American Journal of Clinical Nutritioon*, janvier 2011, 93(1):158-171, http://www.ncbi. nlm.nih.gov/pubmed/21068345, http://circ.ahajournals.org/ content/122/9/876.full.pdf+html.

98   Adam M. Bernstein et coll., « Major Dietary Protein Sources and Risk of Coronary Heart Disease in Women », *American Heart Association Journals*, 2010,122:876-883.

99   Passeport Santé, *Guide alimentaire canadien*, http:// www.passeportsante.net/fr/Nutrition/Regimes/Fiche. aspx?doc=guide_alimentaire_canadien_regime (consulté le 28 août 2012).

100 Rob Stein, « Got milk? Too much makes for a fat kid / Study blunts claim that moo juice helps people lose weight », *SFGate*, 7 juin 2005, http://www.sfgate.com/health/article/ Got-milk-Too-much-makes-for-a-fat-kid-Study-2665063. php.

101 Carolyn W. Gunther, « Dairy products do not lead to alterations in body weight or fat mass in young women in a 1-y intervention », *The American Journal of Clinical Nutrition*, 2005, vol. 81, n° 4, p. 751-756, http://www.ajcn.org/content/81/4/751.full.

102 Joseph Keon, *op. cit.*, p. 81-82.

103 Kim Severson, « Dairy Council to End Ad Campaign That Linked Drinking Milk With Weight Loss », *The New York Times*, 11 mai 2007, http://www.nytimes.com/2007/05/11/ us/11milk.html?ex=1337486400&en=a8693af5905470a6.

104 Catherine S. Berkey et coll., « Milk, Dairy Fat, Dietary Calcium, and Weight Gain: A Longitudinal Study of Adolescents », *Archives of Pediatrics and Adolescent Medicine*, 2005,159(6):543-550, http://archpedi.jamanetwork.com/ article.aspx?articleid=486041.

105 Université d'Ottawa, *Le syndrome de mort subite du nourrisson au Canada*, http://www.med.uottawa.ca/sim/data/ SIDS_f.htm (consulté le 14 janvier 2013).

106 Z. Sun et coll., « Relation of beta-casomorphin to apnea in sudden infant death syndrome », *Peptides*, juin 2003, 24(6):937-943, http://www.ncbi.nlm.nih.gov/pubmed/12948848.

107 J. Wasilewska et coll., « Cow's-milk-induced infant apnoea with increased serum content of bovine β-casomorphin-5 », *Journal of Pediatric Gastroenterology and Nutrition*, juin 2011, 52(6):772-775, http://www.ncbi.nlm.nih.gov/pubmed/21478761.

108 W.E. Parish et coll., « Hypersensitivity to Milk and Sudden Death in Infancy », *The Lancet*, 19 novembre 1960, vol. 276, n° 7160, p. 1106-1110, http://www.lancet.com/journals/lancet/article/PIIS0140-6736(60)92187-5/fulltext.

109 M. Park et coll., « Consumption of milk and calcium in midlife and the future risk of Parkinson disease », *Neurology*, 22 mars 2005, 64(6):1047-1051, http://www.ncbi.nlm.nih.gov/pubmed/15781824.

110 Keith Woodford, *Devil in the Milk: Illness, Health, and the Politics of A1 and A2 Milk*, Chelsea Green Publishing, 2009.

111 Honglei Chen et coll., « Consumption of Dairy Products and Risk of Parkinson's Disease », *American Journal of Epidemiology*, vol. 165, n° 9, p. 998-1006, http://aje.oxfordjournals.org/content/165/9/998.abstract.

112 Joseph Keon, *op. cit.*, p. 69.

113 À l'Université Laval, par exemple, les étudiants en médecine n'ont aucun cours de nutrition obligatoire pendant leur formation générale. Le seul cours offert est optionnel. Université Laval, doctorat en médecine, https://capsuleweb.ulaval.ca/pls/etprod7/y_bwckprog.p_afficher_fiche?p_session=201009&p_code_prog=B-MED&p_code_majr=MED&p_code_camp=&p_type_index=0&p_valeur_index= (consulté le 27 octobre 2012).

114 New York Times Syndicate, « Go Heavy On The Veggies To Prevent Cancer », *Aetna*, 28 juin 1999, http://intelihealth.com/IH/ihtIH/%20EMIHC000/333/333/231274.html.

115 James S. Goodwin et Jean M. Goodwin, « The Tomato Effect: Rejection of Highly Efficacious Therapies », *JAMA*, 11 mai 1984, vol. 251, n° 18, http://www.mv.helsinki.fi/home/hemila/birkhauser/Goodwin_1984_JAMA.pdf.

116 Cité par Jacqueline Lagacé, *op. cit.*, p. 232.

Chapitre 4
On peut faire confiance aux spécialistes

117 Savoir laitier, http://www.savoirlaitier.ca/donnees-scientifiques (consulté le 29 août 2012).

118 National Dairy Council, « Misperceptions regarding dairy foods: a review of the evidence », *Dairy Council Digest Archives*, janvier-février 2012, vol. 81, n°1, http://www.nationaldairycouncil.org/Research/DairyCouncilDigest Archives/Pages/dcd81-1Page1.aspx. Traduction libre.

119 Santé Canada, *Liste des membres du Comité consultatif d'experts sur les aliments*, http://www.hç-sc.gc.ca/fn-an/consult/frac-ccra/memb-fra.php (consulté le 29 août 2012).

120 Santé Canada, *Guide alimentaire canadien – Le processus de révision*, http://www.hc-sc.gc.ca/fn-an/food-guide-aliment/context/rev_proc-fra.php (consulté le 29 août 2012).

121 Membres du Comité consultatif d'experts sur les aliments :
    Dr Paul Paquin, Président, professeur titulaire au Département de sciences des aliments et de nutrition et chercheur à l'Institut des nutraceutiques et des aliments fonctionnels (INAF) de l'Université Laval.
    Dr Keith Mussar, Vice-président, vice-président, affaires réglementaires et président du comité des aliments de l'Association canadienne des importateurs et exportateurs (I.E.Canada).
    Dre Mary Alton Mackey, consultante internationale en alimentation et en nutrition.
    M. Herb Barbolet, collaborateur auprès du Centre for Sustainable Community Development et du Centre pour le dialogue de l'Université Simon Fraser.
    M. Josh Brandon, coordonnateur « vie verte » pour Resource Conservation Manitoba, un groupe environnemental sans but lucratif établi à Winnipeg.
    M. Carl Carter, directeur des affaires réglementaires pour l'Association canadienne des aliments de santé (ACAS).
    M. Albert Chambers, Président fondateur de Monachus Consulting, un cabinet spécialisé en prestation de services-conseils en matière de politique et de communication à l'intention d'organisations de l'industrie agroalimentaire.
    Mme Jackie Crichton, consultante.
    M. François Décary-Gilardeau, analyste agroalimentaire à Option consommateurs.
    Dr Mansel Griffiths, chaire de recherche industrielle en microbiologie des produits laitiers des Producteurs laitiers de l'Ontario/CRSNG de la Faculté de la science alimentaire de l'Université de Guelph.
    M. Nyall Hislop, agent d'hygiène du milieu pour les services de santé de l'Alberta à Edmonton.
    M. Michael Horwich, directeur de la Food Protection and Enforcement du ministère de l'Agriculture de la Nouvelle-Écosse.
    Dre Simone Lemieux, professeure titulaire au Département

des sciences des aliments et de nutrition de l'Université Laval et chercheuse à l'INAF.

Dr James McCarthy, ancien directeur général de l'Association canadienne de la maladie coeliaque.

Dr George M. Paterson, scientifique auprès du gouvernement canadien.

Mme Francy Pillo-Blocka, consultante.

Dr Vijaya Raghavan, professeur au Département de génie des bioressources de l'Université McGill.

Dr Philip Schwab, cadre dirigeant, Relations gouvernementales fédérales, chez Abbott Canada.

Dr David Skinner, biochimiste.

Dr Rickey Yada, professeur au Département de la science alimentaire, une chaire de recherche canadienne sur la structure des protéines alimentaires et directeur scientifique du Réseau des aliments et des matériaux d'avant-garde du Canada.

http://www.hc-sc.gc.ca/fn-an/consult/frac-ccra/memb-fra.php

122 Institut des nutraceutiques et des aliments fonctionnels, http://www.inaf.ulaval.ca/utilitaires/bottin/?tx_centrerecherche_pi1%5BshowUid%5D=371&cHash=73b125683c1 df3ba6747254fc71d0d90, et Université Laval, http://www2. ulaval.ca/fileadmin/ulaval_ca/Images/recherche/bd/ chercheur/fiche/45321.html (consultés le 29 août 2012).

123 STELA, *25 ans de succès en recherche laitière et en partenariat*, http://stela.fsaa.ulaval.ca/fileadmin/fichiers/fichiersSTELA/ pdf/fr/Histoire_des_25_ans_du_STELA.pdf.

124 Université Laval, http://www2.ulaval.ca/fileadmin/ulaval_ca/ Images/recherche/bd/projet/fiche/100411.html (consulté le 29 août 2012).

125 Harvard School of Public Health, *The Nutrition Source, Food Pyramids and Plates: What Should You Really Eat?*, http:// www.hsph.harvard.edu/nutritionsource/what-should-youeat/pyramid-full-story/index.html (consulté le 29 août 2012). Traduction libre.

126 Savoir laitier, http://savoirlaitier.ca.

127 Coalition québécoise pour le contrôle du tabac, *Mépris de l'industrie du tabac envers la santé – Quelques citations*, http://www.cqct.qc.ca/Documents_docs/DOCU_2003/ DOCU_03_06_09_MeprisIndustriePourLaSante.PDF.

128 J.E. Bekelman, Yan Li et C.P. Gross, « Scope and impact of financial conflicts of interest in biomedical research: A systematic review », *JAMA*, 2003, 289:454–465.

129 Cat Warren, « Big Food, Big Agra, and the Research University », *Academe Online*, novembre-décembre 2010, http:// www.aaup.org/aaup/pubsres/academe/2010/nd/feat/nest. htm (consulté le 29 août 2012).

130 Marion Nestle, *Food Politics*, University of California Press, 2002, p. xv. Traduction libre.

131 L.I. Lesser et coll. « Relationship between funding source and conclusion among nutrition-related scientific articles », *PLOS Medicine*, janvier 2007, http://www.plosmedicine.org/ article/info:doi/10.1371/journal.pmed.0040005.

132 Martijn B. Katan, « Does Industry Sponsorship Undermine the Integrity of Nutrition Research? », *PLOS Medicine*, janvier 2007, http://www.plosmedicine.org/article/ info%3Adoi%2F10.1371%2Fjournal.pmed.0040006.

133 Anonyme, « Danone règle une poursuite concernant le yogourt Activia », *Argent*, 24 septembre 2012, http://argent. canoe.ca/lca/affaires/canada/archives/2012/09/Danone-poursuite-yogourt-Activia.html.

134 Annie Morin, « Yogourt santé au Canada, mais pas en Europe », *Le Soleil*, 20 avril 2010, http://www.lapresse.ca/ le-soleil/affaires/agro-alimentaire/201004/19/01-4272157-yogourt-sante-au-canada-mais-pas-en-europe.php.

135 Felicity Lawrence, « Are probiotics really that good for your health? », *The Guardian*, 25 juillet 2009, http://www.guardian. co.uk/theguardian/2009/jul/25/probiotic-health-benefits.

136 Les Producteurs laitiers du Canada, *Directives pour les demandes de subvention*, http://www.savoirlaitier.ca/content/ download/256/3676/version/116/file/DIRECTIVES-POUR-DEMANDES-DE-SUBVENTION-2013.pdf.

137 Cat Warren, *op. cit.*

Chapitre 5
Ça prend du lait dans les écoles

138 Valérie Colas, « La crise, les écoliers et l'accès au lait », *Cap-aux-diamants*, automne 2002, n° 71, p. 35.

139 *Ibid.*

140 Annie Morin, « Plaidoyer pour le retour du berlingot de lait », *Le Soleil*, 17 avril 2009, http://www.lapresse.ca/le-soleil/ affaires/agro-alimentaire/200904/16/01-847341-plaidoyer-pour-le-retour-du-berlingot-de-lait.php.

141 *Ibid.*

142 La famille du lait, *Tournée dans les écoles – Grand Défi Pierre Lavoie*, http://lafamilledulait.com/evenements/10-tournee_ dans_les_ecoles__grand_defi_pierre_lavoie#.UBwW3TH-CTPM (consulté le 30 août 2012).

143 Neal Barnard, *Let's Move Junk Food Out of 55 Million School Lunches*, Physicians Committee for Responsible medicine, 22 août 2012, http://www.pcrm.org/media/blog/july2012/ dairy-product-industry-stop-milking-school-lunch.

144 Canadian Digestive Health Foundation, *Statistics*, http://www.cdhf.ca/digestive-disorders/statistics.shtml#lactose (consulté le 30 août 2011).

145 Hélène Baribeau, « Trop de sucre : où est la limite ? », Passeport Santé, http://www.passeportsante.net/fr/actualites/dossiers/articlecomplementaire.aspx?doc=sucre_limite_consommation_do (consulté le 4 novembre 2012).

146 Marie Allard, « Faut-il interdire le lait au chocolat à l'école », *La Presse*, 13 mai 2011, http://www.lapresse.ca/vivre/sante/nutrition/201105/13/01-4399004-faut-il-interdire-le-lait-au-chocolat-a-lecole.php.

147 Hélène Baribeau, *op. cit.*

148 Jamie Oliver, *A Recipe for Change: Flavored Milk HQ*, 19 octobre 2011, http://www.jamieoliver.com/us/foundation/jamies-food-revolution/news-content/a-recipe-for-change-flavored-milk-1.

149 *Protégez-vous*, « Yogourt à boire : 4 produits évalués » (sur abonnement), http://www.protegez-vous.ca/sante-et-alimentation/yogourts-aux-fraises/yogourts-a-boire-ou-en-tube-4-produits-evalues.html (consulté le 30 août 2012). Portion de 175 g ou 175 ml dans le cas des yogourts à boire.

150 Gouvernement du Québec, *Plan d'action gouvernemental de promotion des saines habitudes de vie et de prévention des problèmes reliés au poids 2006-2012 – Investir pour l'avenir*, 2006, http://msssa4.msss.gouv.qc.ca/fr/document/publication.nsf/0/92885999c9ad58748525720d00653c6b?OpenDocument.

151 Éric Giroux, « La santé par le lait », *Cap-aux-diamants*, automne 2002, n° 71, p. 38.

152 *Ibid.*, p. 44.

153 *Ibid.*, p. 45.

154 *Ibid.*, p. 45.

155 Nicole Dubé, « Le secret d'un marketing efficace », *Cap-aux-diamants*, automne 2002, n° 71, p. 49.

156 *Ibid.*, p. 50.

157 *Ibid.*, p. 51.

158 La famille du lait, *La campagne blanche*, http://www.lafamilledulait.com/publivores/34-la_campagne_blanche#.UDlS2gWXPN (consulté le 30 août 2012).

Chapitre 6

Si les vaches n'étaient pas heureuses, elles ne produiraient pas de lait

159 Étienne Gosselin, « Un Québec entravé dans un Canada libre », *Le Coopérateur agricole*, février 2012, http://www.lacoop.coop/cooperateur/articles/2012/02/p36.asp.

160 *Ibid.*

161 Marie Allard, « Les vaches du Québec sont confinées à l'étable », *La Presse*, 31 août 2012, http://www.lapresse.ca/actualites/quebec-canada/national/201208/31/01-4569963-les-vaches-du-quebec-sont-confinees-a-letable.php.

162 Anonyme, « What Cows Prefer: Pasture and Access to the Barn », *Research Reports*, Dairy Education and Research Center, University of British Columbia, vol. 10, n° 3, mai 2010, http://www.farmwest.com/images/clientpdfs/ResearchVol10No3.pdf.

163 Élise Desaulniers, *op. cit.*, p. 39.

164 Alexis C. Madrigal, « The Perfect Milk Machine: How Big Data Transformed the Dairy Industry », *The Atlantic*, 1er mai 2012, http://www.theatlantic.com/technology/archive/2012/05/the-perfect-milk-machine-how-big-data-transformed-the-dairy-industry/256423.

165 John Webster, *Understanding the dairy cow*, 2e édition, Oxford, Blackwell Scientific Publications, 1993 (cité dans Nigel B. Cook, *Time Budgets for Dairy Cows: How Does Cow Comfort Influence Health, Reproduction and Productivity?*, http://www.vetmed.wisc.edu/dms/fapm/publicats/proceeds/time-budgetsanddairycowsomaha.pdf.

166 Échanges par courriel, juillet 2012.

167 Daniel Roussel, « Vos vaches se plaignent-elles d'acidose ? », *Le producteur de lait québécois*, avril 2008, p. 26, http://www.lait.org/fichiers/revues/PLQ-2008-04/alimentation.pdf.

168 Martin Ménard, « Le bien-être animal et les vaches laitières », *L'Utiliterre*, 26 mai 2011, http://utiliterre.ca/equipements/le-bien-etre-des-vaches-laitieres.

169 CIAQ, *Who is Starbuck?*, http://www.ciaq.com/ciaq/history/the-legend-of-starbuck/who-is-starbuck.html (consulté le 29 août 2012).

170 Ian Somerhalder Foundation, *Factory Farming in America, Part 5: The Life of a Dairy Cow*, http://www.isfoundation.com/campaign/creatures/factory-farming-america-part-5-life-dairy-cow (consulté le 29 août 2012).

171 Megan Cross, « Cow Proves Animals Love, Think, And Act », *Global Animal*, 13 avril 2012, http://www.globalanimal.org/2012/04/13/cow-proves-animals-love-think-and-act/71867.

172 *Ibid.*

173 Pat Donworth, « The Secret Life of Moody Cows », *Golden Age of Gaia*, http://goldenageofgaia.com/2011/08/the-secret-life-of-moody-cows.

174 Rosamund Young, *The Secret Life of Cows*, Good Life Press, 2003.

175 Julianna Kettlewell, «Farm animals need emotional TLC», *BBC News*, 18 mars 2005, http://news.bbc.co.uk/2/hi/science/nature/4360947.stm.

176 Anonyme, «The great escape», *RTÉ News*, 15 juin 2011, http://www.rte.ie/news/2011/0615/cow.html.

177 Pierre-Paul Noreau, «Abattoir Levinoff-Colbex: fermer le robinet», *Le Soleil*, 30 mai 2012, http://www.lapresse.ca/le-soleil/opinions/editoriaux/201205/29/01-4529813-abattoir-levinoff-colbex-fermer-le-robinet.php.

178 Annie Morin, «Fermeture de Levinoff-Colbex: les bêtes devront être abattues en Ontario», *Le Soleil*, 30 mai 2012, http://www.lapresse.ca/le-soleil/affaires/agro-alimentaire/201205/29/01-4529860-fermeture-de-levin-off-colbex-les-betes-devront-etre-abattues-en-ontario.php.

179 Timothy Pachirat, *Every Twelve Seconds: Industrialized Slaughter and the Politics of Sight*, Yale University Press, 2011.

180 Gary L. Francione, *Animals as Persons: Essays on the Abolition of Animal Exploitation*, Columbia University Press, 2008, p. 108.

181 Melanie Joy, *Why We Love Dogs, Eat Pigs, and Wear Cows: An Introduction to Carnism*, Conari Press, 2009.

182 Paul Slovic, «If I Look at the Mass, I Will Never Act», *Judgment and Decision Making*, vol. 2, n° 2, avril 2007, p. 79-95, http://journal.sjdm.org/jdm7303a.pdf.

183 Position officielle de l'Association américaine de diététique et des diététiciens du Canada au sujet de l'alimentation végétarienne, http://avis.free.fr/AAD.pdf.

184 American Dietetic Association, «Position of the American Dietetic Association: vegetarian diets», *Journal of the American Dietetic Association*, juillet 2009.

185 Entrevues, août 2012.

186 Voir à ce sujet B. Bastian et coll., «Don't Mind Meat? The Denial of Mind to Animals Used for Human Consumption», *Personality and Social Psychology Bulletin*, 6 octobre 2011.

187 Sue Donaldson et Will Kymlicka, *Zoopolis: A Political Theory of Animal Rights*, Oxford University Press, 2011.

Chapitre 7
Maltraiter les animaux est illégal

188 Jocelyne Richer, «Le PQ craint que la viande halal devienne la règle», *La Presse*, 23 mars 2012, http://www.lapresse.ca/actualites/quebec-canada/politique-quebecoise/201203/23/01-4508701-le-pq-craint-que-la-viande-halal-devienne-la-regle.php.

189   Humane Society International, «HSI presse le gouverne-
      ment d'agir – Le Québec classé pire province pour les
      animaux», 19 mai 2011, http://www.hsi.org/french/news/
      press_releases/2011/05/Quebec_classe_pire_province_pour_
      les_animaux_051911.html.

190   L.R.Q., chapitre P-42, *Loi sur la protection des animaux*, http://
      www2.publicationsduquebec.gouv.qc.ca/dynamicSearch/
      telecharge.php?type=2&file=/P_42/P42.html (consulté le
      29 août 2012).

191   Échange par courriel, 12-13 juillet 2012.

192   World Society for the Protection of Animals, *What's on Your
      Plate: The Hidden Costs of Industrial Animal Agriculture in
      Canada*, 2012, http://files.wspa-international.org/ca/woyp/
      WSPA_WhatsonYourPlate_FullReport.pdf.

193   Conseil national pour les soins aux animaux d'élevage,
      *Code de pratiques pour le soin et la manipulation des bovins
      laitiers*, 2009, http://www.producteurslaitiers.ca/content/
      download/292/1540/version/1/file/DairyCodeFRE_LR.pdf.

194   Échange par courriel, 25 avril 2012.

195   Centre d'insémination artificielle du Québec (CIAQ), *Saisir
      les opportunités pour faire un bon «coût»!*, http://www.ciaq.
      com/actualites/nouvelles/2011/saisir-les-opportunites-pour-
      faire-un-bon-cout.html (consulté le 29 août 2012).

196   Michel Lemire, *Confortablement lait!*, jeudi 27 octobre 2011,
      http://www.agrireseau.qc.ca/bovinslaitiers/documents/
      Lemire.pdf.

CHAPITRE 8
Le fromage, c'est écolo

197   Marc Allard, *Changer sa vie*, http://www.lapresse.ca/le-soleil/
      dossiers/changer-sa-vie.

198   Marc Allard, «Jour 7: La bière et les mains vides», *Changer
      sa vie*, 1er décembre 2008, http://www.lapresse.ca/le-soleil/
      dossiers/changer-sa-vie/200812/01/01-806032-jour-7-la-
      biere-et-les-mains-vides.php.

199   Marc Allard, «Jour 28: Du lait bio, et après? (2e partie)»,
      Changer sa vie, 22 décembre 2008, http://www.lapresse.ca/
      le-soleil/dossiers/changer-sa-vie/200812/22/01-812465-jour-
      28-du-lait-bio-et-apres-2e-partie.php.

200   Centre d'agriculture biologique du Canada, *Élevage de veaux
      dans les exploitations laitières biologiques*, juillet 2009, http://
      www.organicagcentre.ca/DOCS/AnimalWelfare/AWTF/
      Dairy_calves_f.pdf.

201   Jean Durocher et coll., *Santé du pis et production laitière
      biologique – La clé de la stratégie: La prévention*, Val-

acta, http://www.agrireseau.qc.ca/agriculturebiologique/
documents/valacta_prevention_key_f[1].pdf.

202   Sonia Gosselin, *Démystifier le bio*, Valacta, http://www.
agrireseau.qc.ca/agriculturebiologique/documents/
D%C3%A9mystifier%20le%20bio12.15.11__.pdf.

203   Geneviève Blain, *Recommandation de mise en marché pour
les bovins de réforme biologiques*, Syndicat des producteurs
de viande biologique du Québec, http://www.agrireseau.
qc.ca/agriculturebiologique/documents/Rapport%20final%20
07-BIO-02.pdf.

204   lundisansviande.net.

205   Organisation des Nations Unies pour l'alimentation et
l'agriculture, *L'ombre portée de l'élevage: impacts environnementaux et options pour leur atténuation*, 2009, http://www.
fao.org/docrep/012/a0701f/a0701f00.htm.

206   Kari Hamerschlag, *Meat Eater's Guide to Climate Change and*
Health, Environmental Working Group, juillet 2011, http://
static.ewg.org/reports/2011/meateaters/pdf/report_ewg_
meat_eaters_guide_to_health_and_climate_2011.pdf.

207   Time for change, *What is a carbon footprint – definition*,
http://timeforchange.org/what-is-a-carbon-footprint-
definition (consulté le 29 août 2011).

208   Nina Shen Rastogi, «Different cheeses have varying
environmental impacts; sheep cheese is harshest», *The
Washington Post*, 15 décembre 2009, http://www.wash-
ingtonpost.com/wp-dyn/content/article/2009/12/14/
AR2009121402880.html.

209   Lisa Hymas, «Is Your Cheese Killing the Planet?»,
Mother Jones, 10 août 2011, http://www.motherjones.com/
blue-marble/2011/08/your-cheese-killing-planet.

210   Annika Smedman, «Nutrient density of beverages in relation
to climate impact», *Food & Nutrition Research*, 2010, 54:5170,
http://www.foodandnutritionresearch.net/index.php/fnr/
article/view/5170.

211   FAO (division de la production et de la santé animales),
*Greenhouse Gas Emissions from the Dairy Sector – A Life
Cycle Assessment*, 2010, http://www.fao.org/docrep/012/
k7930e/k7930e00.pdf.

212   Environnement Canada, *National Inventory Report,
Greenhouse gas sources and sinks in Canada 1990-
2010*, http://ec.gc.ca/publications/A91164E0-7CEB-
4D61-841C-BEA8BAA223F9/Executive-Summary-2012_
WEB-v3.pdf.

213   Marc Allard, «Jour 4: La rareté rend gai», *Changer sa vie*,
28 novembre 2008, http://www.lapresse.ca/le-soleil/dossiers/
changer-sa-vie/200811/28/01-805236-jour-4-la-rarete-rend-
gai.php.

214 Christopher L. Weber et H. Scott Matthews, « Food-Miles and the Relative Climate Impacts of Food Choices in the United States », *Environmental Science and Technology*, 2008, 4(10):3508-3513, http://pubs.acs.org/doi/full/10.1021/es702969F.

CHAPITRE 9
C'est une industrie comme les autres

215 http://www.legermarketing.com/admin/upload/publi_pdf/109291fr.pdf.

216 Les Producteurs laitiers du Canada, *À propos de nous*, http://www.producteurslaitiers.ca/qui-sommes-nous/a-propos-de-nous (consulté le 29 août 2012).

217 William B.P. Robson et Colin Busby, *Freeing Up Food: The Ongoing Cost, and Potential Reform, of Supply Management*, C.D. Howe Institute, n° 128, avril 2010, http://www.cdhowe.org/pdf/backgrounder_128.pdf.

218 Groupe Agéco, *Prix du quota de lait*, http://www.groupeageco.ca/fr/pdf/stat/PQ4.pdf.

219 GO5, *L'agriculture et l'OMC – La gestion de l'offre*, http://www.go5quebec.ca/fr/gestion.php (consulté le 29 août 2012).

220 Mark Milke, *Le cartel laitier canadien nuit aux consommateurs*, Institut Fraser, hiver 2012, http://www.fraserinstitute.org/uploadedFiles/fraser-ca/Content/research-news/research/articles/Perspectives_Hiver-2012_Le-cartel-laitier-canadian.pdf.

221 Fédération des producteurs de lait du Québec, *L'économie du lait*, http://www.lait.org/fr/leconomie-du-lait/profil-et-impact-de-la-production-laitiere.php (consulté le 29 août 2012).

222 ÉcoRessources Consultants pour les Producteurs laitiers du Canada, *Les retombées économiques de l'industrie laitière au Canada*, mars 2011, http://www.go5quebec.ca/fr/pdf/Etude_du_groupe_EcoRessources.pdf.

223 Anonyme, « Les 500 plus grandes entreprises du Québec 2009 », *Les Affaires*, http://www.lesaffaires.com/archives/generale/les-500-plus-grandes-entreprises-du-qubec-2009/503053 (consulté le 29 août 2012).

224 Anonyme, « Hausse des prix du lait », *Radio-Canada*, 1er février 2011, http://www.radio-canada.ca/nouvelles/Economie/2011/01/31/011-prix-hausse-lait.shtml.

225 Isabelle Lessard, « Le prix du lait irrite », *Agricom*, 16 novembre 2011, http://www.journalagricom.ca/index.cfm?Sequence_No=61757&Id=61757&Repertoire_No=2137988401&Voir=article.

226 Sharon Singleton, « Les restaurateurs dénoncent le prix élevé du lait », *TVA Argent*, 12 octobre 2011, http://argent.canoe.ca/lca/affaires/canada/archives/2011/10/20111012-180422.html.

227 Félicien Hitayezu, *Dépenses alimentaires des Québécois dans la grande distribution au détail en 2011*, Ministère de l'Agriculture, des Pêcheries et de l'Alimentation du Québec, http://www.mapaq.gouv.qc.ca/fr/Publications/Depenses alimentairesACNielsen.pdf.

228 *Ibid.*

229 Aliments excluant les restaurants, les épiceries et l'alcool.

230 A.C. Nielsen, *Dépenses de l'industrie laitière*, 2011.

CHAPITRE 10
Je ne pourrais pas me passer de fromage

231 Paul Rozin, « Human Food Intake and Choice: Biological, Psychological and Cultural Perspectives », dans H. Anderson et coll., *Food selection: from genes to culture*, Danone Institute, 2002, p. 7-24.

232 Gordon M. Shepherd, *Neurogastronomy: How the Brain Creates Flavor and Why It Matters*, Columbia University Press, 2012.

233 *Ibid.*, p. 166.

234 E. Sienkiewicz-Szłapka et coll., « Contents of agonistic and antagonistic opioid peptides in different cheese varieties », *International Dairy Journal*, avril 2009, vol. 19, n° 4, p. 258-263, http://www.sciencedirect.com/science/article/pii/S0958694608001970.

235 E. Hazum et coll., « Morphine in cow and human milk: could dietary morphine constitute a ligand for specific morphine (mu) receptors? », *Science*, 28 août 1981, http://www.ncbi.nlm.nih.gov/pubmed/6267691.

236 Neal D. Barnard, *Breaking the Food Seduction: The Hidden Reasons Behind Food Cravings And 7 Steps to End Them Naturally*, St. Martin's Press, 2003.

237 European Food Safety Authority, « Review of the potential health impact of β-casomorphins and related peptides », *EFSA Journal*, 3 février 2009, http://www.efsa.europa.eu/fr/efsajournal/pub/231r.htm.

238 Neal D. Barnard, *op. cit.*

239 Conversation par courriel, juillet 2012.

240 The Vegan Society, *Who We Are*, http://www.vegansociety.com/about/who-we-are.aspx (consulté le 29 août 2012).

241 Neal D. Barnard, *op. cit.*, p. 69.

242 Thierry Larivière, « Le fromage est l'aliment produit ici préféré des Québécois », *La Terre de chez nous*,

24 février 2010, http://www.laterre.ca/alimentation/
le-fromage-est-laliment-produit-ici-prefere-des-qu.

243 Centre canadien d'information laitière, *Consommation
de produits laitiers*, http://www.dairyinfo.gc.ca/index_f.
php?s1=dff-fcil&s2=cons&s3=cons.

244 Inspiré de Neal Barnard, *op. cit.*

INDEX

Suivez les Éditions internationales
Alain Stanké sur le Web :
www.edstanke.com

Cet ouvrage a été composé en Minion 12/14
et achevé d'imprimer en février 2013 sur les presses
de Marquis imprimeur, Québec, Canada.

certifié

procédé
sans chlore

100% post-
consommation

archives
permanentes

énergie
biogaz

Imprimé sur du papier 100 % postconsommation,
traité sans chlore, accrédité Éco-Logo et fait à partir de biogaz.